HOPESTAR

JONI   LÉMAN

HOPESTAR

Kustantaja: Books on Demand GmbH, Helsinki, Suomi
Valmistaja: Books on Demand GmbH, Norderstedt, Saksa
ISBN: 9789522869272

NEVADAN AUTIOMAA / USA
KANSAINVÄLINEN AVARUUSKESKUS ISC
3. huhtikuuta 2155

– Olemme valmiit lähtemään! sanoi kadetti Juanita Perez. Komentaja Sisto katsoi häntä ja nyökkäsi. Aluksen ulkopuolella oli valtava väentungos kun ihmiset pyrkivät sisään. Mutta kaikki valitut olivat jo aluksessa. Maapallon asukkailla tulisi olemaan helvetillinen aika edessään, sodan julmuuksissa ehkä kaikki tulisivat kuolemaan. Sisto katseli ulos väentungokseen surullisen näköisenä.

- Hope, lähdetään Kuuhun Asema Yhdeksään.
- *Asema Yhdeksän Kuu,* toisti Hope.

Jättimäinen alus alkoi äänettömästi nousta korkeuksiin. Se olisi hetkessä pois Maan ilmakehästä, Maapallon Ydinsodasta.
- Katselkaa Maata viimeisen kerran, tuskin näemme sitä enää.
- *Viisi minuuttia telakointiin.*
Maapallo loittoni pienemmäksi ja pienemmäksi aluksen lähestyessä Kuuta.
- *Minuutti telakointiin,* ilmoitti Hope.
- Miksi tulimme Kuuhun? kysyi Juanita Sistolta.
- Otamme yhden matkustajan lisää... Jack Mooren.
- Kuka hän on, uteli Juanita.
- Hän on hyvä ystäväni, olemme kokeneet paljon yhdessä. Vaikka hän onkin jonkin verran nuorempi kuin minä. Mukava kaveri, tietää paljon avaruudesta. Tai no, paljon ja paljon. Kuka tietää avaruudesta paljon mitään.
- Mutta sehän on kiva että saat tutun kaverin mukaan.
- Näin on.
- Ei aluksessa varmaan ystäviä liikaa ole, Juanita sanoi.
- Ei, ei ole.

Alus laskeutui pehmeästi lentoterminaalin eteen.
- Lähden katsomaan josko näkisin Jackin jossain, Sisto sanoi ja lähti kävelemään hissille päin.
- Ok.
- Nähdään sitten myöhemmin, näytän Jackille hänen asuntonsa ja sellaista.
Sisto astui hissiin ja laskeutui lähes kaksisataa metriä alas aluksen yhteen sisääntuloaulaan.

- Jack! Tänne päin! Sisto huusi ja viittoili Jackille.
- Terve Frank, ei olla nähty vähään aikaan.
- No terve, älä muuta sano.
- Olet ollut Kuussa jo pidemmän aikaa vai?
- Joo, neljä vuotta melkein.
- Se on pitkä aika, mutta nyt unohdat Kuun ja valmistaudut kohtaamaan uusia haasteita. Niitä tulee riittämään, sanoi Frank ja taputti Jackia olalle.
- Olen valmis kohtaamaan kohtaloni, sanoi Jack teeskennellyn katkerasti ja nauroi päälle.
He astuivat hissiin ja nousivat Frankin kerrokseen joka oli ylinnä, tietysti.
- Käydään ensin minun luonani ja otetaan tervetulo maljat.
- Okei, sopii mainiosti.

Hissi lähti äänettömästi liikkeelle ja he katselivat äänettömästi toisiansa. Jack mietti jo tulevaa matkaa ja

mitä se toisi mukanaan. Olihan se ainutlaatuinen tilaisuus päästä tutkimaan avaruutta. Jack oli kiitollinen kun pääsi tälle matkalle, Kuussa oleminen oli alkanut jo tympäistä. Nyt hän tarvitsi juuri tällaista kokemusta. Mikä olisi kiinnostavampaa kuin lähteä tutkimaan Universumia. Eikä tosin vaarallisempaakaan. Hissi pysähtyi ja katkaisi Jackin ajatukset. Miehet astuivat käytävälle, Jack seurasi Frankia pari askelta jäljessä.
- No niin, tässä on minun asuntoni. Aika makee vai mitä sanot?
- Tämähän on oikea loistolukaali, vau!
- No, onhan tämä melko hieno, sanoi Frank vaatimattomasti.
- Kyllä sinun kelpaa täällä asustella.
- Mitä otat? Rommikolaa niin kuin ennenkin vai?
- Sitähän minä, sanoi Jack ja hymyili.
Frank kaatoi molemmille pitkät lasit ja reilusti jäitä sekaan.
- Mille otetaan? kysyi Jack.
- Otetaan vaikka Hopestarille.
- Hopestarille!
He maistoivat laseistaan kylmiä juomiaan ja hymyilivät toisilleen. Frank muuttui kuitenkin pian surullisen oloiseksi.
- On se sääli kun ihmiset tuhoavat Maapallon ehkä lopullisesti, perkele sentään.
- Niin, sotaa ja tuhoa. Sen kyllä ihmiset osaavat.
- Niinpä, lähdetään niin näytän sinulle kämppäsi.

Asunto numero 1200 se oli muistaakseni, Frank mietti ääneen.
He astuivat hissiin ja Frank sanoi; asunto 1200. Hissi lähti äänettömästi liikkeelle. Hetken päästä se pysähtyi asunnon 1200 kohdalle. He astuivat ulos.
- Kas niin, käydäänpä uuteen valtakuntaasi sanoi Frank ja avasi oven.
- Ei minulle mitään prameaa tarvitse olla, kunhan joku luukku on.
- No no, hommataan sinulle vielä parempi sitten myöhemmin.
- Tämähän on hiton makee, jes.
- Ei mikään huono kämppä, sanoi Frank.
- Tosi cool.
- Kyllä sinä täällä viihdyt.
- Enköhän pärjää täällä mainiosti.
- Täällä on keittiö, makuuhuone, olohuone ja suihku.
- Tämä on aivan mainio, kiitos Frank.
- Kiva kun pidät, kurja se on asua paikassa missä ei viihdy.
- Vaatimattomampikin olisi kelvannut, Jack sanoi.
- Vielä mitä, niin kuin sanoin hommaan sinulle vielä paremman myöhemmin. Mutta nyt mennään Komentosillalle, tutustut sitten asuntoosi myöhemmin. Se ei olekaan ihan mikä asunto tahansa, Frank hymyili ovelasti.
- Joo, mennään vaan.

He saapuivat Komentosillalle joka oli melko yksinkertainen. Muutama muhkea sohva ja pöytä. Suuria näyttöpäätteitä oli seinillä. Manuaalilaitteisto aluksen käsin operoimista varten.
- Vau, vaikuttavaa, sanoi Jack.
- Eikö, Hope hoitaa itse asiassa melkein kaiken aluksessa. Joten täälläkään ei tarvitse juuri nippeleitä käännellä. Koko alus on Hopen valvonnassa ja Kansalaistietokone Suzy hoitelee sitten henkilökohtaisempia asioita. Tapaatte sitten myöhemmin.
- *Amen,* sanoi Hope hartaasti.
- Hän on Hope, aluksen aivot.
- Hei Hope!
- *Hello Jack!*
- Melkoiset systeemit täällä, ihasteli Jack.
- No niin Hope, eiköhän lähdetä matkaan.
- Voitaisiinko ajella katsomassa näitä meidän Aurinkokuntamme planeettoja ensin, niinkuin hyvästiksi sanoi Jack.
- Miksei, sopiihan se. Hyvä idea, Hope ota suunta Marsiin, nopeus yksi valovuosi.
- *Yes Sir. Marsiin on vain puoli Au:ta. Matka kestää n. 3.86 minuuttia.*
- 75 miljoonaa kilometriä alle neljässä minuutissa, melko mukavaa vauhtia! sanoi Jack hymyillen.
- Niin, ja se on vasta kymmenesosa huippunopeudesta, kehui Frank.

- Taksilla ei pääse tuossa ajassa edes kymmentä metriä ruuhkassa New Yorkissa.
- Täällä onkin tilaa kaahata, sanoi Frank hymyillen.
- Kunhan ei osu asteroidi kohdalle, sanoi Jack.
- Ei haittaa sekään, alle 100 m halkaisijaltaan olevat hajoavat tomuksi. Emme edes huomaa niitä, paitsi Hope. Jolta ei jää mikään huomaamatta. Suuremmat kappaleet ammumme hajalle lasereilla. Automaattisella torjuntajärjestelmällä. Olemme kutakuinkin hyvässä turvassa aluksessa.

- Hope, kierretään planeettaa kymmenen kilometrin korkeudella, sopivalla nopeudella. Saavat ihmiset katsella vähän planeettaa.
- *Tapahtuu.*
- Hei Frank ! Miten hurisee?
Sisään astui upeavartaloinen nainen kauniisti hymyillen.
- Hei Juanita, katselemme vähän Marsin näköaloja. Niin ja tässä on ystäväni Jack Moore.
Juanita astui Jackin eteen ja ojensi kätensä tälle
- Hei Jack
Jack tarttui ojennettuun käteen, se oli lämmin ja pehmeä.
Juanita oli upea Venezuelasta kotoisin oleva kaunotar, jonka tiukka ihonmyötäinen mekko ei jättänyt arvailuille tilaa. Tummat kiharat hiukset kaartuivat

kauniisti hänen harteilleen ja tummat tuliset silmät säkenöivät kauniisti. Jack oli siltä paikalta myyty mies. Frank keskeytti parin silmäilyt.

- Siinä se on, tai mitä siitä on jäljellä. Aikansa suurin vankila. Viisisataatuhatta vankia kuoli kun asteroidi törmäsi siihen. Piruparat hävisivät jäljettömiin.
Jack katseli planeetan pintaa, rojua ja sälää riitti kilometritolkulla.
- Piruparat tosiaan, ehkä pääsivät kuitenkin liian helpolla.
- Niinpä, Maapallon pahimmat rikolliset ja murhaajat, jatkoi Frank.
- Avaruus antoi tuomionsa, sanoi Juanita hymyillen ivallisesti.
- *Haluaako joku kuulla jotain planeetasta?* Hope ehdotti.
- No kerro nyt kun mielesi niin kovasti tekee, sanoi Frank ja hymyili.
- *Punaista kiveä, kuivaa. Suuria tulivuoria, suurin Olympos Mons. Korkeus n. kaksikymmentä kilometriä. Päiväntasaajalla kaksikymmentäseitsemän plusastetta ja talvinavalla miinus satakolmekymmentä. Riittääkö tämä?*
- Kyllä, eiköhän siinä tullutkin tärkeimmät.
- *Ok, lähdetäänkö nyt Jupiteriin?*
- Lähdetään vain.

- *Matkaa on 2.5 AU:ta, noin 20 minuuttia valon nopeudella. Vai mennäänkö nopeammin?*
- Se on hyvä nopeus, ehtii vähän koota ajatuksiaan Marsin jälkeen.
- *Siis Jupiteriin,* sanoi Hope.
Alus irtaantui Marsin läheisyydestä ja planeetta alkoi loitota hyvää vauhtia häviten lopulta näkyvistä.

- No Juanita! Miltä tuntuu lähteä suureen tuntemattomaan? Kysyi Frank tomerasti.
- Suoraan sanottuna jännittävältä ja pelottavalta samaan aikaan.
- Samankaltaiset ajatukset meillä kaikilla varmaan on, vastasi Frank.
- Hope, pysäytä alus 50 miljoonan kilometrin päähän planeetasta.
- *Yes Sir!*
- Siltä etäisyydeltä katsottuna se on kauneimmillaan, tiesi Jack kertoa.

Muutaman minuutin matkattuaan Hope ilmoitti vaarasta.
- *Asteroidi vyöhyke edessä! Alan tulittaa suurimpia hajalle, miljoonat pienemmät osuvat kyllä alukseen mutta niistä ei ole haittaa. Vähän meteliä vain.*
- Marsin ja Jupiterin välinen asteroidivyöhyke, muualla ei tällaista olekaan, Jack kertoi.
- Ei ole ei, parempi niin, sanoi Frank.

Hope joutui tulittamaan useita suurimpia järkäleitä tomuksi jotta he pääsivät turvallisesti läpi. Tilanne oli hetkessä ohitse.
- No niin, siinä se sitten oli. Frank sanoi huolettomasti.
- Helpostihan siitä läpi päästiin, Juanita sanoi.
- Eihän tuo ollut mitään Hopestarin kaltaiselle alukselle, Frank kehui.

- Se on todella kaunis! Huudahti Juanita haltioissaan.
- Se on valtavan kokoinen, halkaisijaltaan noin 142 000 km. Kaksitoista kertaa suurempi kuin Maapallo, tiesi Jack kertoa.
Frank katseli planeettaa ja sanoi: Jupiter on todella kaunis planeetta.
- Upeat värit, totesi Juanita.
- Sen kaasukehässä on 90 prosenttia vetyä ja kymmenen heliumia. Lisäksi pieniä määriä ammoniumia sekä metaania. On sillä kyllä rauta ydin, täytyyhän planeetalla sydän olla, nauroi Jack.
- Ihmeellistä olla täällä Jupiterin vierellä katselemassa sitä, sanoi Juanita.
- Valtavat myrskyt riehuvat sen pinnalla, ei mikään ihanne lomakohde, sanoi Fank ja hymyili.
- Haluaako joku lähteä käymään siellä? Kysyi Juanita leikkisästi.
- Ei ihan heti tulisi mieleen, sanoi Frank.

- Tiesittekö että Jupiterilla on kuusitoista kuuta, se on oikea kuuhullun unelmapaikka, sanoi Jack ja nauroi päälle.
- Hope, ota suunta Saturnukselle nopeudella 1. Jäämme sitten neljänkymmenenmiljoonan kilometrin päähän taas katselemaan.
- *Matka kestää noin neljäkymmentä minuuttia,* ilmoitti Hope.
Alus loittoni Jupiterin läheisyydestä planeettojen väliseen mustaan avaruuteen, kaukana Maasta. Avaruuden mittapuun mukaan kuitenkin vain olemattoman matkan päässä. Maahan oli matkaa vain noin kuusi piste seitsemän tähtitieteellistä yksikköä AU. Yksi AU on sataviisikymmentämiljoonaa kilometriä. Sama matka kuin maasta on Aurinkoon. Frank Sisto oli mennyt lepäämään ja miettimään asioita sohvalle pitkälleen. Juanita ja Jack keskustelivat leppoisasti, välillä nauraen äänekkäästi. He tulivat hyvin juttuun keskenään. He istuivat liki toisiaan kuin rakastuneet ainakin. Juanita oli menettänyt miehensä yli kaksi vuotta sitten, lentäjä Victor Zalin. Mutta oli jo päässyt irti surusta. Jack puolestaan oli vannoutunut poikamies, tähtiin ja naisiin tiirailija. Hopen äkillinen ilmoitus havahdutti heidät.
- *Meteoroidiparvi edessä kolmen minuutin kuluttua, kokoluokka alle kaksikymmentä milliä. Niitä on yhdeksänkymmenentuhannen kilometrin matkalla.*

Vaikutus kestää noin kolme sekuntia. Se kuuluu aluksessa vaimeana kohinana. Ei vaaraa.
- Sisto käänsi kylkeään ja tuhahti - On täällä sentään joku muukin liikkeellä ja jatkoi uniaan sitten. Jack ja Juanita katsoivat aluksen suuresta näyttöruudusta tulevaa tapahtumaa. Hetken perästä näyttö meni sameaksi ja kuului vaimeaa kohinaa, sitten kaikki oli ohi.
- Eipä ollut kummempaa, sanoi Jack vähän pettyneenä.
- No eipä tosiaan, minäkin odotin jotain vähän jännittävämpää kommentoi Juanita.
- *Tilanne ohi,* ilmoitti Hope.
- Kuule Juanita, lähtisitkö kanssani Tropicanaan? Uiminen ja aurinko tekisi nyt nannaa.
- Mennään vain, se olisi kivaa.

Komentaja Frank Sisto heräsi ja hieroi silmiään nähdäkseen juuri kuinka Jack ja Juanita katosivat ovesta.
- Minne he lähtivät Hope?
- *Tropicanaan uimaan sanoivat.*
- Uiminen tosiaankin tekisi terää, ajatteli Frank ja nukahti uudelleen.
- *Saturnus neljänkymmenentuhannen kilometrin etäisyydellä,* ilmoitti Hope.
Sisto heräsi Hopen ilmoitukseen.
- Ok, kierretään sitä hiljalleen ympäri. On ihmisillä jotain katseltavaa.

- *Selvä, voinkin sitten tehdä päivitystä itseeni.*
- Ole kuitenkin valppaana, tiedä mitä tuolta jostakin tulee.
- *Olen aina valppaana, tiedät kyllä sen.*
- Tiedän tiedän, kunhan sanoin.

Frank painui unten maille uudestaan. Hän näki unta edesmenneestä vaimostaan Hopesta. Aluksen tietokone oli nimetty hänen mukaansa Frankin toiveena. Jopa tietokoneen äänikin oli lainattu vaimolta, näin Frank tunsi olevansa lähellä rakasta vaimoaan.

Saturnus oli upean näköinen, punaista, sinistä keltaista ja purppuraa. Sen renkaat tekivät siitä erityisen kauniin katsella. Ne olivat muodostuneet jäästä ja kivestä, tomuhiukkasista aina valtaviin järkäleihin asti.
Ekvaattorilla tuuli puhalsi jopa 1800 km tunnissa ja sen kaasukehä oli samanlainen kuin Jupiterilla. 90% Vetyä ja 6% Heliumia sekä pieniä määriä muita aineksia. Lämpötila tropopaussissa on noin -180 astetta.
Saturnuksessa Helium tiivistyy nesteeksi ja sataa sen pinnalle. Saturnus on halkaisijaltaan noin 120 tuhatta kilometriä ja sillä on 18 kiertolaista, satelliittia tai kuuta. Miksi niitä nyt tahtookin kutsua. Keskietäisyys Maasta on noin 8,5388 AU:ta.

Jack saapui ensin Tropicana Beachille, se oli 300 metriä leveä uimaranta. Sen pehmeä valkea hiekka suorastaan kutsui astumaan sille paljain varpain. Vesi oli turkoosin väristä ja sopivan viileää. Aurinkosäteilijät pitivät huolen valosta ja lämmöstä. Upeat palmut reunustivat sen rantoja. Ihmisiä oli sankoin joukoin pitkin rantaa, kaiken rotuisia. Upeita naisia, jokainen oli alasti, myös miehet. Aluksella ei turhia häpeilty vaan kaikki olivat niinkuin halusivat. Se sopi hyvin aluksen ilmapiiriin. Jack istui rantabaarissa ja naukkaili Rommia. Hän odotti kuumeisesti Juanitan saapumista. Ihanan naisen odotus sai hänen suupielensä hymyyn. Jack katseli alastomia naisia ottamassa Aurinkoa ja nautti näkemästään. Hän ajatteli kuinka hyvä tuuri hänellä oli ollut kun pääsi mukaan matkalle. Frankin ansiota sekin. Frankin perhe oli kuollut sekasortoisessa Maassa, niinkuin myös Jackin.

- Mitä mies miettii niin hartaasti?
Jack havahtui ja katseli Juanitan kaunista ruskeaa vartaloa. Hänen punaisia huuliaan ja pullottavia rintojaan.
- En paljon mitään, katselin noita mimmejä tuolla joilla on jalat harallaan paljas tussu suoraan tänne päin.
- Ai niinkö?
- No katso nyt itsekin, nuo kaksi esimerkiksi tuolla.
- No juu, he varmaan tuulettavat tavaraansa tuolla lailla.

- Niin varmaan, kiva katsella kumminkin. Sinuakin on kiva katsella.
- Minun kamelinvarvastaniko?
- Kyllä varsinkin. Mitä haluaisit juoda?
- Nyt kelpaisi kyllä kylmä Bloody Mary, se tekisi hyvää näin kuumalla.
- Saamasi pitää. Tarjoilija, yksi Bloody Mary ja Rommikola.

Tarjoilija toi hetken perästä juomat ja he siirtyivät läheisiin lepotuoleihin.
- Onpas täällä upea ranta, palmuja ja kaikkea.
- Eikö olekin, ja kaikki tämä avaruusaluksessa joka kiitää huimaa vauhtia halki Universumin.
- Niinpä, ihana paikka. Ylisti Juanita ja hymyili valloittavasti.
- Seura on ainakin ihana, Jack sanoi ja katseli häpeämättömästi Juanitan tissejä.
- Niin minunkin mielestäni, sanoi Juanita katsellen Jackin jalkoväliä.

Jack oli onnensa kukkuloilla sen kuultuaan ja hymyili leveästi. Ehkä tästä vielä kehittyy jotakin antoisaa, hän tuumi. Paratiisihan tämä on, siitä ei ole epäilystäkään.
Jack katseli estottomasti Juanitan jalkoväliä ja maisteli drinkkiään. Kuin vaistoten Jackin katseen Juanitan nännit kovettuivat ja suurenivat.
- No, miellyttääkö näkymä? Kysyi Juanita yllättäen.

- Tota joo, en keksi kyllä ihan heti parempaa, änkytti Jack.
- Mitä jos mentäisiin uimaan, viilentäisi vähän sinunkin aistejasi. Juanita sanoi ja lähti kävelemään rantaan päin. Jack lähti hänen peräänsä ja katseli tiiviisti tämän keinuvaa takapuolta. Vesi oli ihanan vilpoisaa ja puhdasta tietysti. He uivat pitkän lenkin ja palasivat sitten hiekalle. Jack haki suuren pyyhkeen jonka sitten levitti hiekalle. He menivät sille makaamaan ja laittoivat toisilleen aurinkoöljyä. Elämä tuntui heistä nyt hyvältä, vaikkakin he olivat kulkemassa tuntemattomaan eikä selviytymisestä ollut tietoa. Parin tunnin loikoilun jälkeen he palasivat asunnoilleen. Jokaisessa asunnossa oli suuri näyttöruutu niinkuin ikkuna, ja ne olivat kytketyt ulkopuolella oleviin kameroihin ulkotilan seuraamista varten. Aluksessa olijasta näytti siltä kuin olisi katsonut ulos ikkunasta. Lisäksi niihin sai vaihtaa minkä tahansa näkymän mistä sattui kulloinkin pitämään. Vaikka koralliriutan elämää tai Niagaran putouksen kuohuja. Mahdollisuuksia oli loputtomiin. Niihin sai jopa hajunkin ja tietysti ääni oli toden tuntuinen. Ja niistä voi tietysti katsella elokuvia ym. melkein mitä mielikuvitus keksii.

Jack oli asunnossaan vaihtamassa vaatteitaan ja mietti miten voisi kuunnella musiikkia. Hän ei nähnyt minkäänlaista soitinta tai mitään sellaiseen viittaavaakaan. Jack oli mieltynyt 1950-70 luvun

rokkiin ja kevyeen musiikkiin. Jack ei tiennyt miten
homma toimisi ja sanoi kokeillakseen Musiikkia
please. Samassa kuului miellyttävä naisen ääni.
- *Olen kansalaistietokone Suzy, mitä haluaisit
kuunnella Jack?*
Jack hämmästyi ja vähän säikähtikin, hän ajatteli että
onpa täällä systeemit.
- Mistä tiesit nimeni?
- *Minä tiedän aluksen jokaisen nimen ja sukupuolen. Ja muutakin...*
- Ok, saisinko kuunnella vaikka The Beatlesin
musiikkia alkuvuosilta?
- *Kyllä se sopii, haluatko jotain tiettyä kappaletta?*
- En, laita vaan tulemaan jotain randomina.
- *Ok Jack.*
Jack odotti innoissaan miltä musiikki kuulostaisi, hän
ei nähnyt mitään kaiuttimia tai vastaavia missään.
Musiikki alkoi kuulua jostakin mitä hän ei pystynyt
paikallistamaan, sitä vaan kuului... kaikkialta. Jack oli
tyytyväinen. Hänen alkoi tehdä mieli tupakkaa ja
rommikolaa.
- Suzy, voisitko järkätä minulle tupakkaa ja juotavaa?
- *Mitä juotavaa ja tupakkaa haluaisit?*
- Rommikolaa ja jotain Menthol tupakkaa.
- *Ok, mutta savukkeet ja alkoholi ovat vaaraksi sinulle.
Haluatko todella käyttää niitä?*
Jack oli ällikällä lyöty, tietokone jolla oli moraali!!
- Olen kyllä tietoinen enkä ole ylpeä tavoistani.

- *Kannattaisi luopua moisista myrkyistä.*
- Tiedän tiedän, järjestä nyt minulle mitä pyysin, please.
- *Kuten haluat.*

Hitto! Rupeaa saarnaamaan minulle, ajatteli Jack. Meni muutama minuutti kun ovisummeri soi. Jack meni avaamaan. Nuori kaunis tyttö seisoi Jackin edessä ja hymyili sanoen.
- Tässä on tilauksenne, olkaa hyvä herra.
- Kiitos oikein paljon.

Tyttö kääntyi koroillaan ja poistui. Jack laittoi pullon ja tupakat pöydälle ja meni hakemaan lasia. Hän kaatoi pullosta Rommikolaa joka oli valmiiksi sekoitettu siihen. Jack sytytti tupakan ja otti huikan lasista. Rommi alkoi nousta hiljalleen nuppiin ja Jack halusi nyt kuunnella Zeppeliiniä.
- Suzy, laita Led Zeppelin II soimaan kiitos.

Oli vähän aikaa hiljaista sitten Suzy sanoi: *Hyvä valinta, laitan heti soimaan.*
Heti kohta musiikki alkoi ja Whole Lotta Loven intro täytti huoneen. Jack meni sohvalle pitkälleen ja mietti mitä Suzy oli sanonut hänelle. Tupakointi pitäisi kyllä ehdottomasti lopettaa, hän mietti. Jack oli jo torkkunut hyvän aikaa kun Living Loving Maid alkoi soida. Se innosti häntä nousemaan ylös. Hän päätti lähteä katsastamaan minkälaisia mestoja aluksesta löytyisi. Hän valitsi asukseen siniset farmarit ja valkoisen T-paidan jossa oli Rolling Stonesin tuttu logo, punaiset

huulet joista kieli roikkui ulos. Jalkaan hän laittoi vaaleat pikkukengät. Hän katseli itseään peilistä ja oli tyytyväinen näkemäänsä. Jack käveli hissille. Hän laskeutui hissillä Klubikadulle joka oli valojen ja värien kyllästämä. Ihmisiä oli valtavasti liikkeellä, kuin suurkaupungin kaduilla. Jack lähti etsimään jotain mukavaa paikkaa. Vähän matkaa käveltyään hän huomasi valomainoksen jossa luki ROCK ME. Jack ajatteli mennä katsomaan paikkaa lähemmin. Baarissa oli melko pimeää ja taustalla soi The Rolling Stones melko lujaa. Ainakin minulla on paikkaan sopiva T-paita. Jack etsi katseellaan jotain rauhallista nurkkaa josta voisi tarkkailla ihmisiä. Hän löysikin sopivan pöydän melkein heti. Hän istuutui pöytään ja samassa siinä seisoi seksikäs tarjoilijatar.
- Mitä herralle saisi olla? Meiltä löytyy kaikkea, ihan kaikkea.
- Yksi kylmä tuoppi riittää, ainakin näin aluksi.
- Siis yksi tuoppi olutta, nainen sanoi ja kääntyi koroillaan.
Jack katseli paikkaa kiinnostuneena, ihan mukavan oloista hän ajatteli. Tarjoilija tuli oluen kanssa ja laski sen Jackin eteen pöydälle ja sanoi: Muistathan että meiltä saat ihan mitä haluat ja tehostaakseen sanojaan hän nosti hameensa helmaa ja paljasti ajellun pillunsa, sitten hän iski silmää Jackille.
- Kiitos! sanoi Jack ja hymyili.

Voi juma, olipa typykkä. Ei täällä ainakaan kursailtu liiemmin.
Jack tarkkaili ihmisiä ja nautti oluttaan, joka maistui hänestä tosi hyvälle. Mistähän tämäkin on tehty, hän mietti. Hän sytytti savukkeen ja hänen mieleensä tuli Juanita, missäköhän hän oli juuri nyt. Jack kaipasi häntä. Jack katseli ihmisiä, kaikki olivat nuoria joilla elämänhalu oli huipussaan. ja energia satasella. Silti Jack oli tyytyväinen itseensä että oli jo ehtinyt kypsään ikään. Hän oli tyytyväinen tilanteeseensa. Hän otti ison huikan tuopistaan ja poltteli tupakkaa. Juotuaan oluensa hän vinkkasi tarjoilijalle. Tarjoilija käveli Jackin pöytää kohden. Hänen minihameensa oli niin lyhyt että paljas tavara vilahteli sen alta. Jack hymyili itsekseen.
- No niin komistus, joko alkaa tehdä mieli muutakin kuin olutta?
- Ainahan minulla jotain tekee mieli mutta jos kuitenkin ottaisin toisen oluen kiitos.
- Kutsu minut jos muutat mielesi, mun nimi on muuten Moon.
- Ok, mutta se olut!
- Tuodaan tuodaan, sanoi Moon ja lähti takapuoli keinuen. Aika mimmi, Jack ajatteli kun katseli tämän keinuvaa takapuolta.
Psykedeelinen musiikki alkoi soida ja valot muuttuivat aavemaisiksi. Tunnelma alkoi olla intensiivinen ja huumaava. Valokeila paljasti puolialastoman naisen

joka oli noussut korokkeelle liikehtien kiihottavasti.
Jack tuijotti näkyä ihastuneena. Hän katseli mielellään
vähäpukeisia naisia. Nainen väänteli itseään musiikin
tahdissa ja alkoi riisumaan rintaliivejään. Rinnat
pulpahtivat esille ja nainen puristeli nännejään ja lipoi
huuliaan.
- Herätys !
Jack säpsähti.
- Mitä ? Kuka?
- Tässä olisi nyt se olut.
- Ai, sorry. Olin omissa ajatuksissani.
- Sen kyllä huomasi ,sanoi tarjoilija ilkikurisesti
hymyillen.
- Niinkö?
- Hyvä ettei kuola valunut suustasi kun katselit tuota
stripparia.
- Niin no, onhan hän aika ......etevä.
- Sinä et kuule tiedä mitään etevästä ennen kuin olet
nähnyt minut tangolla.
Moon laski kolpakon pöydälle, nuolaisi huuliaan ja
poistui.
Hitto mikä mimmi, Jack mietti.
Strippari jatkoi eroottista liikehdintäänsä ja heitti
pikkuhousunsa erään asiakkaan pöydälle, pöydässä
istunut mies otti innoissaan pöksyt huostaansa. Nainen
tanssi tai oikeammin vain liikkui kiihottavasti ja välillä
pyllisteli yleisöön päin. Jack katseli esitystä ja nautti
oluttaan. Katseltuaan muutaman esityksen hän päätti

lähteä pois. Hän käveli ja katseli mitä kaikkea oli tarjolla. Keskellä katua oli kaksi uraa joissa kuljettimet liikkuivat. Niissä oli kaksi istuinta vierekkäin ja parikymmentä peräkkäin. Pysäkkejä oli viidenkymmenen metrin välein. Vaunuja kulki molempiin suuntiin vilkkaasti. Jack istahti kadun varrella olevaan pehmustettuun penkkiin ja sytytti tupakan. Vastapäätä hän huomasi mainoskyltin jossa luki Femini. Varmaan joku lesbojen paikka, hän ajatteli. Kadulla kulki paljon ihmisiä, mitään riitaa tai tappeluita ei ollut. Sellainen oli ankarasti kielletty ja siitä seurasi varsin ikäviä toimia. Jack huomasi tutun näköisen naisen, oliko se Juanita? Oli, ja hänen seurassaan oli kaunis tumma nuori nainen. Näytti olevan itämainen. He halasivat ja suutelivat kuin ainakin rakastuneet. He keskustelivat hetken ja lähtivät sitten eri suuntiin kävelemään. Jackin ajatukset harhailivat, oliko Juanita lesbo? Ei sillä että sillä olisi ollut mitään merkitystä hänelle, päinvastoin. Mutta täytyi hänen pitää myös miehistä vai esittikö vain. Ehkä hän oli bi. Niin sen täytyi olla, Jack mietti. Eikä se haitannut häntä yhtään. Juanita saisi itse kertoa siitä jos halusi. Jack käveli lyhyen matkan hissille ja sanoi hississä - Komentosillalle -. Hissi lähti äänettömästi liikkeelle. Hissit olivat aika erikoisia, ne liikkuivat myös sivusuunnassa. Pääsi suoraan vaikka asuntonsa oven eteen. Hän päätti käydä Frankin luona. Jack seisoi

oven edessä joka avautui heti. Hän astui sisään ja näki
Frankin tutkivan suurelta näytöltä jotain tähtikarttaa.
- Terve Jack! Tule sinäkin vähän katsomaan minne
suuntaisimme.
- Hei Frank.
- Tutkin tässä vähän tähtikarttaa, matkat ovat ihan
järjettömiä.
- Tiedän asiasta melko paljon ja totta puhut. Matkat
ovat ihan käsittämättömiä.
- Annetaan Hopen laskea matkat kunhan ensin
päätetään minne suunnataan.
- Tehdään niin.
- Hopelle nämä ovat pikkujuttuja, sanoi Frank.
- Otetaan vähän naisnäkökulmaa ja pyydetään Juanita
tänne.
- Tehdään niin.
- Haluaisin jo päästä matkaan, ei isommin kiinnosta
nämä nurkkakunnan planeetat, Jack sanoi harmissaan.
- Olen samaa mieltä, mutta Plutolla käymme kuitenkin
vielä.
- Niin, onhan se kaukaisin planeettamme.
- Hope, ota kurssi Plutolle.
- *Suuntana Pluto*, vastasi Hope.
- Tekee todella mieli jo lähteä matkaan, käydään vain
tervehtimässä vanhaa rekkua ja sitten mennään.
- Täältä tullaan Koirulainen, sanoi Jack innoissaan.
- *Saavumme Plutoon 24 minuutin kuluttua.*

- Jack lähti käymään asunollaan. Hän kaipasi suihkua ja samalla vaihtaisi vaatteet. Pluto olisi viimeinen Aurinkokuntamme planeetta, tai ei sitä luokiteltu edes planeetaksi. Pluto on pieni ja kylmä, halkaisijaltaan vain kaksituhattaviisisataa kilometriä. Jack sai itsensä kuntoon ja lähti komentosillalle.
- Tulitkin juuri sopivasti, olemme piakkoin Pluton vierellä, sanoi Frank.

- Hope, ajetaan viidensadan metrin korkeudella, valonheittimet päälle. Mennään katsomaan pimeälle puolelle mille siellä näyttää.
- *Korkeus viisisataa ja valonheittimet, entä nopeus?*
- Seitsemänsataa, sanoi Frank.
- *Nopeus seitsemän sataa,* toisti Hope.
He katselivat Pluton jäistä pintaa jota ei yksikään ihminen ollut ennen nähnyt. Valon heitinten loisteessa sen pinta kiilsi, se oli aavemainen näky.
- Hei kaikille !   Mitä näkyy!?   Juanita astui komentosillalle.
- Tarkkailemme vain Pluton pintaa pimeältä puolelta, josko täällä olisi jotain mielenkiintoista.
- Niinkuin pieniä sinisenhehkuisia Plutoja vai? Nauroi Juanita.
- Ha haa niitäpä juuri, sanoi Jack ja hymyili Juanitalle. Frank kuunteli heidän juttujaan ja hymyili itsekseen.

- Hope, luotaa planeetan pintaa joka suuntaan. Jos vaikka löydetään jotain.
- *Luodataan.*

He katselivat Pluton kuollutta pintaa vaitonaisina. Jäätynyttä vettä, ammoniakkia, metaania. Ei mitään elävän näköistäkään. Plutolla oli viisi kuuta: Kharon, Hydra, Nix, Kerberos ja Styx. Maisema oli synkkää ja kylmää.

- *Komentaja Sisto, luotaus on paljastanut jotain aivan käsittämätöntä. Aluksesta viisikymmentä kilometriä vasemmalla on orgaanisia aineita. Myös metallia ja muovia.*
- Oletko aivan varma? Tuo kuulostaa vähintäänkin epäuskottavalta! sanoi Frank ihmeissään.
- *Tieto on varma !* sanoi Hope hieman näreissään.
- Laskeudu sadan metrin päähän kohteesta.
- *Ok.*

Hopestar laskeutui jäisen planeetan pinnalle tarkalleen sadan metrin päähän kohteesta. Kenraali Steel ja Ltn. Geer astuivat komentosillalle. Frank katsoi heitä vakavana.

- Luutnantti, kokoa pieni ryhmä miehiä sekä lääkäri Anna Hart ja menkää kohteen luokse.
- Kyllä Herra Komentaja.

Luutnantti Geer ja ryhmä miehiä sekä lääkäri pukivat avaruuspuvut päälleen ja lähtivät pienellä huoltoaluksella TR 23:lla tutkimaan kohdetta

lähempää. Kymmenmetrinen alus lähti kohti kohdettaan hitaasti.
- Hope, ole valppaana ettei tapahdu mitään ikäviä yllätyksiä.
- *Olen kyllä.*
TR 23 laskeutui parinkymmenen metrin päähän jäätyneestä aluksesta.
- Kuuleeko komentaja Sisto?
- Kyllä kuulen.
- Tämä jokin on kauttaaltaan jäässä, voisiko siihen käyttää lämpösädettä?
- Kyllä voi, pysykää aluksessa toimenpiteen ajan.
Hetken päästä Hopestarista lähti punainen leveä säde joka peitti kohteen. Heti jää alkoi sulaa sen ympäriltä. Jään alta alkoi erottumaan jonkinlainen alus. Hopestarin väki seurasi tilannetta jännittyneenä. Jään sulettua kokonaan kohteen ympäriltä huomasi heti että se oli Maan alus. Sen kyljessä luki suurin kirjaimin SEEK II. Kaksikymmentä vuotta sitten kadonnut alus! Hämmästys oli valtava kaikkialla aluksessa. Alus näytti olevan täysin vahingoittumaton ja se seisoi laskeutumistelineillään. Eli se oli laskeutunut siihen omin voimin. Lääkäri, Anna Hart ja Luutnantti Geer astuivat aluksesta ja lähestyivät sitä. He luotasivat alusta tarkkaan. Kaikki olivat hiljaa ja odottivat. Muutaman minuutin perästä hän ilmoitti: - Aluksessa on kymmenen ihmisen ruumiit. He ovat jäätyneet nopeasti, elinvaurioita ei mahdollisesti ole.

- Tulkaa takaisin. Anna, tule komentosillalle.
Hetken päästä lääkäri Anna Hart saapui sillalle, jossa olivat myös Jack sekä Juanita.
- Tulkaa kaikki istumaan tänne pöydän ympärille, pyysi Frank.
- Tilanne on varsin erikoinen, meidän täytyy pohtia mitä teemme.
- Voisiko heidät herättää? sanoi Juanita epäillen.
- Sulattaminen on täysin mahdollista, joskin aika arveluttavaa, sanoi Anna.
- Mikä siinä on sitten esteenä, kysyi Jack.
- Emme voi olla täysin varmoja että aivot olisivat sulatuksen jälkeen kunnossa. Aivovaurion mahdollisuus on olemassa.
- Ehdotan että emme kajoa heihin, sanoi Frank nopeasti.
- Frank on oikeassa, parasta että jätämme heidät jäiseen hautaansa, sanoi Anna.
- Voisimme pitää heille muistotilaisuuden, lyhyen hiljaisen hetken, sanoi Juanita.
- Se olisi oikein heille, sanoi Frank.
- Juanita, voisitko pitää pienen muistopuheen ennen kuin jätämme heidät kylmään hautaansa.
- Tietysti voin.
- Hope, ilmoitatko aluksen väelle.
- *Kyllä komentaja.....Ilmoitus aluksen väelle, pidämme minuutin mittaisen hiljaisuuden astronauttien*

muistolle. Ensin luemme pienen muistopuheen, ole hyvä Juanita.

Kymmenen rohkeaa astronauttia lähti tutkimaan avaruutta, tietäen siihen liittyvät vaarat. Ja myöhemmin täällä, tällä pienellä kylmällä planeetalla. Heidän matkansa on päättynyt ja he ovat päässeet lepoon. Pidämme nyt minuutin mittaisen hiljaisen hetken heidän muistolleen.

Koko alus hiljeni ja ilmapiiri oli harras. Yksinäinen alus seisoi jäisellä planeetalla sisällään kymmen ihmistä, kuin pieni lelu Hopestarin korkeuksista katsoen. Komentosillalla kaikki olivat vaiti, tunnelma oli harras.
- Haluan olla nyt yksin, sanoi Frank ja meni makaamaan sohvalle.
- Tietysti, me lähdemmekin tästä sanoi Jack ja kaikki poistuivat hiljaa.
- Voisinko tulla sinun luoksesi Jack ? En haluaisi olla yksin nyt.
- Tietysti voit, kaikin mokomin.
Kun he saapuivat Jackin huoneistoon, Juanita kysyi voisiko hän mennä Jackin sängylle lepäämään. Hän halusi myös Jackin tulevan viereensä. Jack kömpi Juanitan viereen ja he nukahtivat pian.
Jack ei tiennyt kuinka kauan oli nukkunut kun hän säpsähti hereille. Juanita nukkui kippurassa hänen

vierellään. Hän nousi ylös ja katsoi ulos. He olivat edelleen Pluton pinnalla. Valonheittimet valaisivat sen pintaa vielä. Aluksessa oli hiljaista, vain hapentuottolaitteen hiljainen humina kuului. Jack käveli hiljaa olohuoneeseen ja kysyi Suzyltä paljonko kello oli.
- *Kello on kahdeksan aamulla, komentaja Sisto pyysi teitä tulemaan luokseen kun heräätte.*
- Ok, menemme sinne heti kun olemme kunnolla heränneet ja syöneet aamupalan.
- *Ilmoitan Komentajalle.*
Jack palasi makuuhuoneeseen ja katseli Juanitaa. Nainen makasi läpinäkyvä yöpaita yllään täysin unessa. Seksikäs typykkä, hän ajatteli. Jack ei viitsinyt vielä herättää häntä vaan laittaisi ensin jotain aamupalaa heille. Jack meni keittiöön ja sanoi kahvin keittimelle: Neljä kuppia kahvia kiitos! Sitten hän meni makuuhuoneeseen ja kosketti varovasti Juanitan hiuksia ja kysyi hiljaa oliko tämä jo hereillä. Hän liikahti hieman.
- Mitä haluaisit aamupalaksi?
Juanita mongersi jotain omituista ja haroi hiuksiaan.
- Huomenta muru!
- Onko jo aamu ?
- Kyllä se alkaa olla jo sitä, mitä haluat aamupalaksi?
- Sitä samaa mitä sinäkin.
- Okey, saamasi pitää.

Jack palasi keittiöön ja alkoi valmistaa aamiaista. Hän siivutti juustoa ja makkaraa lautaselle. Pari tomaattia viereen ja leivät paahtimeen. Sitten hän paistoi pari kananmunaa. Juanita tuli unisena ja seksikkäänä.
- Nukuin kuin tukki.
- Kiva, onko nälkä?
- On, kamala nälkä, hän sanoi.
- Käy kimppuun! Paahtista, makkaraa, munaa ja juustoa !
- Niitä juuri tarvitsenkin, kiitos.
- Kun ollaan syöty mennään Frankin luo, hänellä on jotain meneillään.
- Ok, mennään vain.
Aamiaisen syötyään he pukeutuivat ja lähtivät komentosillalle. Matkalla he juttelivat että mitähän Frank oli keksinyt. Jotain tärkeää varmaan kun pyysi luokseen heti aamusta.

- Huomenta! sanoi Frank melko innostuneena.
- Huomenta! sanoivat Jack ja Juanita kuin yhdestä suusta.
- Jack, sinähän olet tutkinut avaruutta jo melkoisesti ja tiedät siitä paljon.
- No joo, kyllä minä jotain tiedän, Jack vastasi vaatimattomasti.
- Mietittäisiinkin nyt yhdessä mihin päin suunnattaisiin.
- Jack aloitti, olen kyllä jo miettinytkin asiaa. Yksi mahdollinen kohde voisi olla Intiaanin Tähdistössä

oleva Epsilon Indi. Sen halkaisija on neljä viidesosaa
Auringon halkaisijasta. Sen lähistöllä voisi olla sopivia
planeettoja. Sinne on matkaa 11,3 valovuotta, noin
kolme Parsekkia. Sinne kestäisi kymmenkertaisella
valon nopeudella noin yhden vuoden. Tietysti ilman
mitään pidempiä pysähdyksiä. Matkalla tulee aina
jotain odottamatonta joten tarkkaa aikataulua ei ole.
- Ja tämäkö on lähin tähti, kysyi Juanita?
- Ei ole, tässä on kyllä lähempänä muutamakin.
Esimerkiksi Kentaurin tähdistössä sijaitseva Proxima
Centauri, joka on Aurinkoamme lähin Tähti. Sinne on
matkaa vain noin 4,24 valovuotta! Alpha Centauriin
joka on kaksoistähti on suunnilleen sama matka. Sitten
on Barnadin Tähti joka on Käärmeenkantajan
Tähdistössä sekä Wolf 359 Leijonan Tähdistössä.
Hopestarille ei tosin mikään matka ole mahdoton,
sukupolvet vain vaihtuisivat aluksella.
- Miksi ehdotat Epsilon Indiä, vaikka se on
kauempana? kysyi Frank.
- Se vaan tuntuu minusta sopivalta, Auringon kaltainen
ja sopivan nuori.
- Mitä mieltä olet Hope? kysyi Frank.
- *Minusta Epsilon Indi on yhtä hyvä kohde kuin moni
muukin. Valitettavasti en voi kertoa tarkempia tietoja
siitä vielä.*
- Mitä tässä ihmettelemään, suunta sinne sitten, sanoi
Frank tomerasti.

- Katsotaan sitten siellä mitä tehdään seuraavaksi, jos nyt edes pääsemme sinne asti, sanoi Jack.
- Nopeutemme on huikea, entä jos törmäämme johonkin?! sanoi Juanita.
- Hope kyllä tarkkailee pitkälle eteenpäin ja voi siten suunnitella varotoimia.
- Ainoa todellinen uhka olisi Musta aukko! Jos ajaisimme suoraan siihen tai se saisi jotenkin otteen aluksesta ja imisi sen sisäänsä. Loppumme olisi varma, sanoi Jack.
Frank nyökytti päätään ja sanoi: Hope! Ilmoita aluksen väelle että naiset voivat vapaasti hankkiutua raskaaksi. Joko tavanomaisin keinoin taikka keinohedelmöityksellä. On aika varmistaa ihmislajin jatkuvuus. Samoin koulutuspaikkojen haku alkaa. Suzyltä saa tarvittavat tiedot ja hänelle voi ilmoittautua.
- *Teen ilmoituksen hetimiten.*
- Sinä se pistät ripeästi toimeksi, niin kuin komentajan pitääkin ,sanoi Jack hymyillen.
- Tämä on nyt tosipaikka ja on alettava toimimaan sen mukaan, sanoi Frank vakavana.
- Pidin siitä kohdasta erityisesti kun sanoit että naiset voivat hankkiutua raskaaksi "TAVANOMAISIN keinoin", nauroi Juanita.
- Niin,niin ! Tavanomaisin keinoin, kyllä te tiedätte.....vähän touhutaan sillai jne..
- Hope, ota suunta Indille ja lähdetään matkaan, sanoi Frank.

- *Kyllä Komentaja.*
- Tässä olikin kaikki tällä erää, lähden nyt vähän rentoutumaan eli pelaamaan shakkia Suzyn kanssa, Frank sanoi ja hymyili leveästi.
Jackilla oli vähän levoton olo ja ajatteli lähteä kävelemään luonnonpuistoon. Hän puki verkkarit ja laittoi urheilukengät jalkaan. Lopuksi vielä lippis jossa luki Hopestar kultaisin kirjaimin. Hän astui hissiin ja mietti lähtisikö Juanita hänen kanssaan. Hän päätti kysyä tältä ja ajoi hissillä hänen ovelleen, hän painoi summeria. Kesti hetken kunnes Juanita ilmestyi ovelle.
- Hei Jack! Lenkille menossa vai?
- Jep, ajattelin että haluat lähteä mukaan.
- Kyllä haluan, tule sisään odottamaan niin puen jotain sporttista ylleni.
Juanita meni makuuhuoneeseen pukeutumaan. Sillä välin Jack istuutui pehmeälle sohvalle odottamaan, se tuoksui aivan Juanitalta.
- No niin, olen valmis. Mennäänkö!
Juanitalla oli kanariankeltainen verryttely asu ja vihreät lenkkitossut.
- Vau! Oletpa sinä värikäs ilmestys!
- Pidän värikkäistä asuista, no... mennäänkö?
- Mennään vaan.
He kävelivät pienen matkan hissille ja astuivat siihen.
- Puistoon, sanoi Jack ja hissi lähti pehmeästi liikkeelle.
Kun hissin ovi avautui niin näky oli uskomaton. Siellä oli suuria puita jopa lintuja lenteli siellä visertäen

kauniisti. Vehreätä luontoa, perhosia ja muita elikoita. He lähtivät kävelemään polkua pitkin, kaikki oli niin kaunista. He olivat kävelleet jonkin matkaa kunnes saapuivat pienelle lammelle. Sen rannalla oli pieni puinen penkki. He istuivat siihen lepäämään ja ihastelemaan kaunista luontoa. Jopa tuulen vire tuntui siellä. Jack ajatteli että mitä tässä mitään planeettaa etsimään, heillähän oli jo kaikki täällä aluksella. kuin lukien hänen ajatuksensa Juanita sanoi.

- Täällähän on kaikkea mitä ihminen tarvitsee, tällä aluksella.
- Niin minustakin, mutta kun lisäännymme niin tila ei enää riitä kaikille. Siksi meidän on löydettävä uusi planeetta asuinpaikaksi kaikille ihmisille.
- Niin, emme mahdu kaikki tänne alukseen.
- Täällä on todella kaunista ja rauhallista, sanoi Jack.
- Eikö olekin ihanaa.
- Jatketaan taas matkaa, sanoi Jack.
- Jatketaan vaan.

He kävelivät polkua pitkin ja saapuivat pienelle hiekkarannalle jossa oli hiekalle vedettynä muutama kanootti. He ottivat yhden kanootin ja meloivat jokea pitkin nauttien kaikesta. Hyvän ajan perästä he saapuivat toiselle rannalle jolla oli pieni kioski. He vetivät kanootin rannalle ja kävelivät kioskille. Kumpikin otti suuren kylmän pirtelön. Ihmisiä oli aika paljon, se vaikutti suositulta paikalta. Ruskettunut nuorukainen soitti kitaraa ja lauloi. Se oli heistä

kaunista. Palmut kohosivat korkeuksiin ja varjostivat hieman aurinkolamppujen kuumuudelta. Jotkut loikoilivat rannalla, toiset olivat uimassa. Lapsia ei ollut vielä aluksella mutta sekin korjautuisi pian.
- Lähdetäänkö jo takaisin, kysyi Juanita?
- Lähdetään vaan mutta mennään tuolla tuolijunalla, olen vähän väsynyt.
- Joo, mennään vain.
He kävelivät läheiseen tuolijunaan jolla he pääsisivät nopeasti takaisin hissille. Jack saattoi Juanitan ovelleen ja kysyi voisiko tavata häntä myöhemmin illalla uudelleen. Vaikka viiniä maistellen. Juanitalle se sopi mainiosti ja he sopivat treffit Juanitan luona. Jack suuteli häntä poskelle ja lähti.
kello oli kaksi ja Jack päätti lähteä torkuille vähäksi aikaa. Hän alkoi miettimään uutta elämäänsä aluksella, eikä se tuntunut ollenkaan hassummalta. Hän oli torkkunut kolme tuntia tai oikeammin nukkunut sikeästi kunnes heräsi yllättäen johonkin ääneen käytävällä. Hän katsoi kelloaan se oli jo viisi. Hän kävi nopeasti suihkussa ja ajoi partansa. Hampaiden pesu ja vähän dödöä ja partavettä. Hän valitsi treffeille valkoisen puvun ja siihen mustan paidan valkoisella solmiolla. Valkoiset pikkukengät ja hän oli valmis kohtaamaan naisen. Jack katseli itseään peilistä ja oli tyytyväinen näkemäänsä. Hän seisoi Juanitan oven takana minuuttia vaille kuusi ja painoi summeria. Juanita avasi oven, Jack oli lentää perseelleen kun näki

hänet! Juanitalla oli musta läpikuultava iltapuku joka paljasti että hänellä ei ollut mitään alusvaatteita sen alla. Nännit sojottivat jäykkinä sen silkkistä kangasta vasten. Upeat mustat hiukset ja kultainen kaulariipus sekä kullanväriset korkeakorkoiset sandaalit. Syötävän ihana ilmestys tosiaan, Jack oli ihan hekumoissaan.
- VAU ! Tulinkohan oikeaan osoitteeseen lainkaan?!
- Et itsekkään näytä hassummalta, vastasi Juanita ja hymyili valloittavasti.
Jack astui sisään ja näki kuinka Juanita oli laittanut kynttelikön palamaan ja romanttista musiikkia kuului hiljaa taustalta. Jack tunsi olevansa taivaassa tai sitten helvetissä, ja kohta kaikki katoaisi pois.
- Istu tuohon sohvalle. Haluaisiko herra lasillisen shamppanjaa näin niin kuin aluksi?
- Se olisi kerrassaan mainiota, kiitos.
Juanita haki keittiöstä kaksi upeata hopeista pikaria jotka olivat hienosti koristeltu kullalla.
- Voisitko avata shamppanja pullon!
- Kyllä tietysti!
Jack poksautti pullon auki ja kaatoi molemmille kuplivaa juomaa.
- Mille skoolataan! Jack mietti muka ankarasti ja tokaisi: Sopisiko vaikka meille!
Meille! He sanoivat yhteen ääneen ja maistoivat juomiaan. Jack ei ollut syönyt mitään koko päivänä ja ajatteli kysyä voisivatko he tilata jotain.
- Tilataanko jotain syötävää, on pikkuisen nälkä?

- Luit minun ajatukseni, piti juuri ehdottaa samaa.
- All right, mitä tilataan ?
- En oikein osaa nyt valita, sanoi Juanita.
- Minä tiedän, miten olisi ankan rintaa paistettujen perunoiden ja karpalohillon kera?
- Ja sen kanssa jotain hyvää kermaista kastiketta, vaikka punaviinistä, lisäsi Juanita.
- Yes, siinä on meidän menu.

He tilasivat ruuan aluksen yhdestä hienoimmista keittiöistä. Palvelija toi annokset hienossa tarjoiluvaunussa ja poistui. He istuivat kynttilän valossa ja nauttivat aterioitaan.
- Ankka on kyllä parasta lintua mitä tiedän, tämä ihan sulaa suussa, sanoi Jack.
- En ole ennen edes maistanut mokomaa mutta nyt tiedän mitä olen jäänyt paitsi.
- Lintu on hyvää ja sitä paitsi kevyttä! No, paistetut perunat eivät ole kovin kevyttä syötävää. Mutta minkäs teet kun on herkkuperse. Anteeksi sanonta, tuli vaan suusta.
- Eikä mitä! Olen itsekin herkkuperse, nauroi Juanita.
- Jack katsoi Juanitan pyllyä ja sanoi, niin tosiaan oletkin!
- Juanita oli heti mukana juonessa, Enkö olekin.
- Kaataisitko lisää juotavaa minulle?
- Toki, vaikka tämän kanssa olisi punaviini ollut ehkä parempaa, sanoi Jack.

- Minulle kelpaa shamppanjakin aivan yhtä hyvin, en ole niin etikettien perään.
- En minäkään, sitä paitsi shamppakalja on hyvää linnun kanssa.
- Niin minustakin, sanoi Juanita.

Syötyään he siirtyivät pehmeälle sohvalle, Juanita tuli aivan kiinni Jackiin. Hän oli jo humaltunutkin jonkin verran. Yllättäen Jack suuteli häntä suoraan suulle ja puristeli tämän rintoja. He suutelivat himokkaasti ja Juanitan pehmeät rinnat painautuivat Jackin rintaa vasten. Heidän kätensä alkoivat vaellella toistensa vartaloilla, musiikin ääni hiipui jonnekin kauas. He nauttivat toisistaan. Kuin yhteisestä merkistä he nousivat ja menivät makuuhuoneeseen. He riisuivat toistensa vaatteet ja kaatuivat sängylle. He sulautuivat yhdeksi kiihkeäksi massaksi ja nauttivat seksistä estottomasti.

Jack tunnusteli Juanitan karvatonta kosteaa pillua ja kiipesi sitten hänen päälleen. Lähetys saarnaaja asento on ihan hyvä, Jack mietti. Reidet tuntuivat hyviltä molemmin puolin hänen kylkiään. Parin kiihkeän tunnin jälkeen he nousivat sängystä ja menivät yhdessä suihkuun. Saippuoivat toisiaan ja hyväilivät. Sitten he kuivasivat toisensa ja palasivat olohuoneeseen.

- Oli aika namia vai mitä, kysyi Juanita?
- Namiako? Kyllä, oli oikein syntisen herkullista.
- No, minulla onkin herkkuperse.

- Aivan, sen takiahan se maistuikin niin hyvältä!
- Entä tuntuiko myös?
- Kyllä tuntui, tuntuu vieläkin! Huh!
- No niin, nyt palataan maan pinnalle vaihteeksi ja kuunnellaan jotain musaa.
- Lynyrd Skynyrd voisi olla tähän sopivaa vai haluatko jotain romanttista musaa? sanoi Jack.
- Ja sen kanssa kylmää olutta, jatkoi Juanita.
- Näin tehdään, vastasi Jack.
- Haen meille oluet, valitaan sitten biisit.
Juanita tuli keittiöstä kaksi suurta kolpakkoa käsissään.
- Sitten niitä biisejä soimaan!
- Suzy, laittaisitko Endangered Species cd:n soimaan?
- *Ok, se ei ole kylläkään millään CD:llä. Heidän niin kuin muidenkin yhtyeiden levyt ovat mikrosiruilla.*
- Aivan, niinpä tosiaan. Missä ajassa oikein elän? nauroi Jack itselleen.
- *Laitan sen nyt soimaan.*
- Jätkillä on siinä yksi hyvä biisi nimeltään Sweet Home Alabama.
- En ole kuulut sitä, sanoi Juanita.
- No, kohta kuulet!
- No niin muru, mille kolkutellaan?
- Vaikka Rock'n Roll'ille!
- Okei! Skool !
Jackilla oli niin kova jano että siemaisi kolpakosta oitis puolet.

- Oho, sinulla onkin tosi kova jano. Olenpa huono emäntä kun olen pitänyt sinua kuivin suin.
- Kyllä sinä olet pitänyt erittäin hyvää huolta minun " tarpeistani" sanoi Jack ja hymyili rivosti.
- Mukava kuulla että olet tyytyväinen " palveluksiini " sanoi Juanita ja iski silmää.
He istuivat sohvalla ja juttelivat niitä näitä. Samalla Sweet Home Alabama alkoi soida. He kuuntelivat musiikkia ja joivat olutta välillä suudellen. Kunnes Jackille iski idea.
- Kuule, mentäisiinkö Turkkilaiseen saunaan?
- Se olisi ihanaa, sanoi Juanita hieman sammaltaen.
- Siis sinne!
He kumosivat oluensa ja lähtivät. Hissi kuljetti heidät nopeasti ja äänettömästi saunaosastolle. He etsivät Turkkilaista saunaa. Saunoja oli monen laisia, oli myös aito Suomalainen saunakin.
- Tuolla on Turkkilainen sauna.
He astuivat sisään. Huone oli todella kaunis. Nuori kaunis nainen tervehti heitä.
- Tervetuloa Eedeniin, käykää tuota käytävää pitkin sieltä löydätte mitä etsitte.
Pian he löysivät hakemansa. Kauniisti maalattua kaakelia oli joka puolella, lattiakin oli koristeltu kuvilla. Meren neitoja ja delfiinejä. He astuivat pukuhuoneeseen, siellä ei ollut ketään muita. He saisivat olla kahdestaan. He riisuivat itsensä alasti ja menivät suihkuhuoneeseen. He olivat jonkun aikaa

suihkun alla ja menivät sitten saunaan. Sauna oli mukavan lämmin, ei liian kuuma. Höyryä suihkusi pienistä rei`istä joita oli ympäri seiniä. He menivät marmoriselle divaanille. Jack meni seinää vasten nojaamaan ja Juanita tuli selin hänen jalkojensa väliin. Jack otti Juanitan rinnat käsiinsä ja puristeli niitä hellästi. Oli mukavan lämmintä ja heillä oli hyvä olla.
- Eikö olekin ihanaa olla näin yhdessä? Juanita sanoi.
- Parempaa tuskin onkaan, sanoi Jack ja suuteli häntä. He olivat hiljaa sylikkäin ja höyry sihisi hiljaa hämärässä huoneessa.
- Kuka se tumma nainen jota suutelit? Tunnetko vetoa naisiin? Jack kysyi yllättäin.
- Ai, sinä näit meidät! Hmmm, minun on sitten pakko tunnustaa että pidän myös naisista.
- En pidä laisinkaan sitä huonona asiana, ajattelin vaan kysyä uteliaisuuttani.
- Olen todella mielissäni kun sanot noin, on kaikenlaisia tyyppejä maailma väärällään jotka eivät ymmärrä meitä lesboja eikä ketään muutakaan erilaista.
- Tiedän sen erittäin hyvin, sanoi Jack.
- Hän oli hyvä ystäväni Momo, kutsun hänet kylään niin saat tutustua häneen.
- Se olisi mukavaa.
Jackin ajatukset olivat jo tulevassa, hän kahden kauniin naisen kanssa kolmistaan. Jee. Jack oli aikamoinen pukki, hän rakasti naisia ja etenkin heidän hm... sulojaan.

He nauttivat hiostavasta kuumuudesta vielä tovin, sitten he menivät poreammeeseen. Amme oli melkoisen suuri ja siellä oli jo kaksi naista ja mies. Jack ja Juanita laskeutuivat heidän viereensä ammeeseen. Vesi tuli kovalla paineella ja antoi mainiota hierontaa. Jack asettui suuttimen kohdalle niin että se osui hänen alaselkäänsä, hänellä oli ollut selkä kipeä ja se auttoi siihen. Jack katseli Juanitan hekumoivaa ilmettä vähän oudoksuen kunnes huomasi mihin vesisuihku oli suunnattu. Heidän katseensa kohtasivat ja heitä nauratti. Oltuaan liki puoli tuntia altaassa he nousivat poistuakseen. Joukko nuoria naisia tuli altaaseen samalla hetkellä. Jack katseli heidän vartaloitaan himoiten. No joo.
- Olihan mukava käydä saunassa ja porealtaassa, sanoi Juanita hymyillen.
- Niinpä, ja varsinkin poreammeessa virnisteli Jack.
- Varsinkin siellä, sanoi Juanita ja kikatti kuin pikkutyttö.
- Olet kyllä aika kimuli, sanoi Jack ja hymyili leveästi.
- Mentäisiinkö syömään jonnekin?
- Mennään vaan, tulikin jo vähän nälkä tässä saunoessa.
- Pizza tekisi nyt poikaa ja tyttöäkin tietty, virnisti Jack.
- Joo, ja siihen paljon simpukoita ja katkarapuja!
- Ja hitosti juustoa! Lisäsi Jack.
- Juuri niin ja kylmää olutta myös.

He kävelivät hissukseen ja katselivat sopivaa ruokapaikkaa. Pizzerioita oli monen sorttisia. He päättivät mennä kuitenkin Italialaiseen ravintolaan. Olihan Italia oikea pizzojen maa. He astuivat sisään ja valitsivat nurkkapöydän. Heti kohta saapui nuori komea mies ja tervehti heitä ja kysyi mitä he tilaisivat.
- Minulle ainakin katkarapu/simpukka ja extrajuusto, sanoi Juanita.
- Minulle sama.
- Entä juotavaa?
- Otamme kaksi isoa kolpakkoa kiitos.
- Meillä ei olekaan kuin isoja kolpakoita, tarjoilija sanoi ja hymyili.
Tarjoilija poistui ja palasi hetken kuluttua kaksi jätti olutta mukanaan.
- Olkaa hyvät, ruoka tulee hetken perästä.
- No niin muru, hölökyn kölökyn!
- Hölkyn kölkyn!
- Onpas hyvää olutta!
- Ja ihana tuoksu tulee keittiöstä.
- Jep, syntisen ihana tuoksu on, sanoi Jack.
He katselivat toisiaan ja nostivat tuopit huulilleen. Jack iski silmää Juanitalle ja tämä hymyili takaisin. Ravintolassa oli muutama pariskunta viettäen aikaa syöden ja juoden. Ja tietysti kuherrellen. Tarjoilija saapui kantaen kahta jumalattoman isoa lautasta ja asetti ne heidän eteensä.
- Hyvää ruokahalua!

- Oletko ikinä nähnyt näin isoa pizzaa? Ihmetteli Jack.
- No en taatusti ja juustoakin on ainakin puoli kiloa!
- Taidetaan istua täällä jonkin aikaa, naureskeli Jack.
- Niin taidetaan, varmaan iltaan saakka. nauroi Juanitakin.
Jack maistoi höyryävää mehukasta pizzaansa ja kulautti kylmää olutta perään. Maailma oli taas mallillaan vai pitäisikö sanoa avaruus! He söivät hitaasti nauttien ja juttelivat kaikenlaisia. Italialaista musiikkia kuului hiljaa taustalla. Reilun parin tunnin kuluttua he poistuivat.

- Mentäisiinkö katsomaan mitä Frank touhuaa? kysyi Juanita.
- Mennään vaan, ei olla käytykään vähään aikaan.
He etsivät lähimmän hissin ja kohta olivat jo komentosillalla.
- Hei Juanita ja Jack!! Ajattelin juuri teitä!
- Et kait mitään pahaa sentään?! Kysyi Jack leikkisästi.
- Höpsis! Ajattelin vaan tuossa että olette paljon yhdessä, mikä on minusta hyvä asia. Olettehan kumpikin sinkkuja. Ja sovitte kyllä toisille, olen kyllä huomannut sen.
- Kyllä me viihdymme toistemme seurassa, sanoi Jack.
- Ollaan tehty kaikkea kivaa, lisäsi Juanita.
- Sen kyllä uskon, Frank sanoi virnistäen.
- Ollaan me tehty muutakin kuin n.....vai mitä Juanita?
- Ollaan ollaan, käytiin vasta äskettäin lenkilläkin.

- Oliko hyvääkin? kysyi Frank.
- Niin mikä? Kysyi Jack
- No se lenkki, nauroi Frank.
- Ha ha ha, vastasi Jack.
- Pääasia että teillä menee mukavasti!
- Kiitos kun ajattelet meidän hyvinvointiamme. Sanoi Juanita.
- Se on sillä lailla että kun teillä menee hyvin, niin minullakin menee hyvin.
- Äläs nyt, sanoi Jack. Muuten onko koulutus alkanut odotetusti?
- Kyllä on, kaikilla odotetuilla aloilla on täysi miehitys ja opinnot ovat alkaneet. Pian päättyy lentäjäkokelaiden simulaattoriopetus ja he pääsevät oikeasti lentämään.
- Tuosta tulikin mieleeni että voisitko viedä Juanitan ja minut lentämään?
- Vau, se olisikin mahtavaa! huudahti Juanita innoissaan.
- Kyllä se onnistuu, katsotaan joku sopiva rako.
- Yes, siitä tulee jännää, sanoi Jack.
- Maltan tuskin odottaa, sanoi Juanita.

Hopestar oli matkannut kuusi kuukautta ja kaikki oli mennyt hyvin. Nyt on aika aloittaa lentäjien koulutus avaruusoloissa.
- Hope, aloita hidastus. Jäämme paikoillemme joksikin aikaa.

- *Aloitan hidastuksen.*
- Okei, päästään vähän tuulettumaan, sanoi Frank ja hieroi käsiään.

Frankin olikin jo tehnyt mieli lentämään, hän kaipasi lentämistä. Se oli hänellä veressä.
- Yes! Pääsemme lentämään! huusi Juanita innoissaan.
- Joo, vähän muutakin tekemistä tähän arkeen, sanoi Jack.
- Onko sinulla ollut jotain valittamista? Kysyi Juanita muka vihaisena.
- Ei toki, minulla on mennyt paremmin kuin ikinä.
- Sitähän minäkin, sanoi Juanita ja hymyili seksikkäästi.

Hopestar oli lakannut liikkumasta ja lentokannella alkoi vilske. Koneita alettiin valmistaa lentoon. Innokkaat kokelaat häärivät koneiden ympärillä. Kiiltävät alukset olivat suorissa riveissä. Jack ja Juanita kävelivät Frankin jäljessä, heillä oli kaikilla lentopuvut päällään.
- Minkä aluksen otamme? kysyi Jack.
- Otamme tuollaisen nelipaikkaisen S- Hävittäjän.
- Minulla on kyllä omakin kone, mutta otamme nyt tarvitsemme sellaisen johon kaikki mahdumme.

He kävelivät upean hopeisen aluksen viereen ja nousivat siihen. Frank pyysi heitä kiinnittämään turvavyöt. Frank napsautteli joitakin kytkimiä ja

erilaisia valoja alkoi palaa ja vilkkua etupaneelissa.
Juanita ja Jack odottivat jännittyneinä. Frank pyysi
lupaa lentoon Hopelta.
- *Voitte aloittaa lennon, uloskäynti 7.*
- Nyt sitten mennään, sanoi Frank ja iski silmää.
- Anna palaa vaan, ei meillä pelätä, sanoi Jack.
Frank ohjasi alusta hiljalleen kohti ulosmenoaukkoa
numero 7, josta he pääsisivät avaruuteen. Hetken
perästä avaruus ympäröi heitä. Aluksia lenteli joka
puolella, ne kaartelivat Hopestarin ympärillä ja lensivät
pienissä muodostelmissa.
- Vau, miten hienon näköistä, sanoi Juanita innoissaan.
- Joo, on makeen näköistä, vastasi Jack.
- Otetaan pieni kiihdytys jotta näette mihin alus pystyy,
sanoi Frank ja virnisti leveästi.
Alus kiihdytti ja nopeasti Hopestar katosi näkyvistä.
- Miten lujaa lennämme nyt? Kysyi Juanita.
- Nopeutemme on nyt tuhat kilometriä sekunnissa.
- Vauhtia ei huomaa lainkaan, ihmetteli Juanita.
- Se johtuu siitä että meillä ei ole mitään kiintopistettä
tarpeeksi lähellä.
- Kuinka nopeasti tällä pääsee? Kysyi Jack.
- Huippunopeus on sama kuin emäaluksellakin eli 10
kertaa valon nopeus.
- Älytöntä! Huokaili Juanita.
- Hope, harjoitus voi alkaa. Onko laserit varmasti
kytketty pois päältä?
- *Kyllä, olen tarkistanut kaiken.*

- Huomio pilotit! Huomasitte varmaan että toiset alukset ovat merkitty punaisella toiset keltaisella värillä. Taistelette nyt toisianne vastaan. Laserit ovat kytketyt harjoitus tilaan, eli ette kuole. Delaa. Saatte kyllä mukavan sähköiskun kun teihin osutaan. Silloin palaatte nopeasti emäalukseen koska olette ulkona pelistä, kaput, finito. Kaksi parasta palkitaan kolmannen luokan taistelumerkillä. Harjoitus alkaa kun saatte merkin. Poistun nyt jaloistanne ja menen seuraamaan harjoitusta Hopestarille. Onnea!
- Lähdetään seuraamaan ottelua, sanoi Frank ja ohjasi aluksen kohti Hopestaria.
- Tästä tuleekin mielenkiintoinen päivä, sanoi Juanita.
- Niinpä, jännä seurata" taistelua" sanoi Jack.

Frank aloitti lähestymisen ja ohjasi aluksensa taidolla lentotason aukosta sisään. Sitten hän taitavasti ajoi aluksen omalle paikalleen. He laskeutuivat aluksesta ja lähtivät riisumaan varusteensa. Komentosillalle päästyään he asettuivat suurten näyttöruutujen eteen seuraamaan ottelua.

- Hope, ovatko laserit varmasti vaarattomia nyt?!
- *Kyllä ovat!*
- Kaikki kokelaat! Tilanne on tämä. Keltaiset puolustavat Emäalusta ja punaiset hyökkäävät sitä vastaan. Punaiset, lentäkää näköpiirin ulkopuolelle ja hyökätkää sieltä mahdollisimman tosissanne. Kuvitelkaa että tämä on tosi tilanne ja toimikaa sen mukaan. Keltaiset puolustavat Hopestaria joka itse ei

osallistu puolustamaan itseään. Kuulette tästä eteenpäin vain oman joukkonne keskustelut. Toimikaa!
- Hope, tallenna " taistelu" jotta voimme analysoida sitä myöhemmin.
- *Tallennan hyökkäyksen ja kaikki tilanteet.*
- Tästä tulee aika hässäkkä, sanoi Jack ja hieroi käsijään.
Avaruus näytti rauhalliselta ja turvalliselta eikä olisi voinut kuvitellakaan että joku olisi hyökännyt heitä vastaan. Normaali oloissa Hope olisi ilmoittanut hyökkäyksestä jo hyvissä ajoin mutta se ei saanut osallistua nyt millään lailla. Hope pystyisi torjumaan erittäin mittavankin hyökkäyksen helposti yksinäänkin. Mutta nyt oli tarkoitus harjaannuttaa lentäjiä, heitä voitaisiin tarvita vielä kipeästi. Jos vaikka Hope menisi toimintakyvyttömäksi tai muuta.

- Hope, voisitko antaa tilannetietoja aina välillä!
- *Kyllä, annan tietoja välillä.*
- Missä ne vihulaiset oikein kuppaavat? Saisivat alkaa tulla jo! Sanoi Juanita kärsimättömästi.
- Älä muuta sano, rähinä päälle vain lisäsi Jack.
- Kyllä ne sieltä pian tulevat.
Aluksia ei edes erottanut vielä silmällä kun Hopestarin alukset kävivät valmiuteen. Alkoi kova taistelu "aluksen suojelemiseksi". Hävittäjät ajoivat toisiaan takaa ja tulittivat vimmatusti. Yksi toisensa perään poistui näyttämöltä. Kaikki oli yhtä kaaosta.

- *Keltaisia tuhoutunut 15 kpl ja punaisia 12 kpl !*
- Punaiset ovat hieman voitolla, totesi Frank rauhallisesti.
- Kuinka monta hävittäjää tähän osallistuu, kysyi Juanita.
- Viisikymmentä alusta, kaikki hävittäjät mitä meillä on.
- Eikö se ole aika vähän, näin valtavalle alukselle? Kyseli Juanita jälleen.
- Hävittäjät ovat vain pieni osa puolustuksesta, Hopen käytössä on valtava määrä tehokkaita aseita joita se käyttää nopeasti ja tarkasti. Itse asiassa Hope ei ammu koskaan ohi! Ja se on salaman nopea. Tarkoituksemme ei kuitenkaan ole vallata avaruutta vaan puolustautua mahdollisilta agressiivisilta hyökkäyksiltä. Olemmehan kuitenkin rauhan asialla.
- *Keltaisia tuhottu 21 ja punaisia 19.*
- Punaiset ovat hieman voitolla, sanoi Jack.
- Melko tasaväkistä kuitenkin, se todistaa että lentäjämme ovat kutakuinkin kaikki yhtä eteviä. Mikä on hyvä asia, totesi Frank.
- Ei ole enää monta alusta jäljellä taistelussa, mitenköhän tässä käy lopulta?
- Nyt on enää kolme alusta, kaksi keltaista ja yksi punainen. Punaisella ei ole mitään mahdollisuuksia kahta vastaan! Sanoi Frank.
Kaksi hävittäjää tuhosi hetkessä yksin jääneen vihollisen, peli oli ohi.

- Se siitä sitten!
- Olihan aika taistelu, Juanita pudisti päätään.
- Ovat nuo hävittäjät hemmetin nopeita ja ketteriä, totesi Jack ihmeissään.
- Hope! Ilmoita lentäjille että saatuaan koneet paikoilleen järjestäytyvät kannelle neliriviin.
- *Ilmoitan heti.*
- Tulkaa tekin mukaan, pyysi Frank.
- Kiitos mielellämme, ehätti Jack sanomaan kummankin puolesta.
Viisikymmentä lentäjäkokelasta seisoi suorissa riveissä totisina. Frank seurueineen saapui paikalle. Jackilla ja Juanitalla oli kummallakin sametilla päällystetty litteä suurehko rasia käsissään. Frank alkoi puheensa,
- Ensiksikin, taistelitte kaikki hyvin. jotkut paremmin kuin toiset, mutta kaikilla oli homma kuitenkin hallussa. Ilman mitään enempiä puheita, teidät on nyt ylennetty lentäjiksi. Haluaisitte varmaan jo riisua varusteenne ja päästä suihkuun joten hoidetaan homma ripeästi. Tulkaa tänne eteen kahdessa jonossa niin Jack Ja Juanita ojentavat teille kultaiset lentäjän merkkinne. Tuoreet lentäjät muodostivat ripeästi jonon ja hakivat merkkinsä. Kun kaikki olivat saaneet omansa ja palanneet ruotuun Frank jatkoi vielä puhettaan.
- Kaksi teistä oli kuitenkin vähän parempia kuin muut. Pyydänkin nyt lentäjä Susan Marasia sekä lentäjä Jonas Leviä saapumaan eteeni.

Kaksi nuorta lentäjää asettui ryhdikkäästi Frankin eteen seisomaan.
- No niin, on mukava nähdä molemmat sukupuolet edustettuina. Mutta hyvällä lentäjällä ei sukupuolta olekaan, he ovat lentäjiä! Piste! Te kaksi ylsitte parhaimpaan suoritukseen ja ojennan teille siitä ensimmäiset lentotähtenne. Frank ojensi kummallekin pronssiset lentomerkit ja kätteli heitä. Molemmille rupesi hymy karkaamaan suupieliin. He palasivat paikoilleen ja hypistelivät tuoreita merkkejään tyytyväisinä.
- Teille kaikille on katettu ruokaa ja juomaa Saturnus salissa. Ja on siellä ihka elävä bändikin soittamassa. Ottakaa tyttöystävänne tai poikaystävänne mukaan. Onnea vielä kaikille! Voitte poistua.
- Se siitä sitten, mitä jos mekin lähtisimme pienille drinksuille? sanoi Frank.
- Kyllä se minulle käy, sanoi Jack oitis.
- Niin minullekin, peesasi Juanita.
- Mennään jonnekin muualle, annetaan nuorten juhlia keskenään, sanoi Frank.
- Selvä se, sanoi Jack.
- Täytyy kuitenkin käydä vähän laittautumassa, sanoi Juanita.
- Tuosta on enää kyllä aika vaikea parantaa enää, sanoi Frank.
- Niinhän sitä luulisi jollei tuntisi Juanitaa paremmin, sanoi Jack hymyillen.

- Ai niinkö, asia jää sitten nähtäväksi.
- Älkäähän nyt, sanoi Juanita muka nolona.
- Tavataanko Kultaisen suihkulähteen luona kello kuusi, ehdotti Frank.
- Okei, tehdään niin.

He menivät asunnoillensa laittautumaan miten kukin. Jack oli ensimmäisenä paikalla kuten yleensä ja odotteli muita. Hän istuutui suihkulähteen viereen penkille ja katseli ihmisiä. Aluksen väki on aika värikästä porukkaa, hän ajatteli. Monta eri kansallisuutta oli edustettuina.
- Täällähän sinä jo oletkin! huudahti Juanita.
- Täällähän minä.
- Frank tulee varmaan tuota pikaa.
- Mihinkähän Frank on aikonut viedä meidät? Mietti Jack.
- Sittenhän se nähdään.
- Tällähän te jo olettekin, odotitteko kauankin?
- Ei, äsken mekin vasta tultiin, sanoi Juanita ja hymyili kauniisti.
- No sitten menoksi, ajattelin viedä teidät yhteen hienoon yökerhoon.
- Okei, ei kun menoksi sitten, sanoi Jack ja nousi.
- Onko sinne pitkä matka? Näillä piikareilla ei ole mukava talsia pikiä matkoja.
Frank katsoi Juanitaa tarkemmin ja sanoi, olit kyllä oikeassa Juanitan suhteen. Hän on upean näköinen.

- No niin, mennäänpäs nyt, sanoi Juanita.
- Se on ihan tässä lähellä, sanoi Frank ja lähti kävelemään.
Parin minuutin kävelyn päästä he saapuivat hienon yökerhon aulaan. Paikka oli koristeltu palmuin ja suihkulähtein.
- Tämähän on kuin olisi tullut Hawajille, sanoi Juanita ihastuksissaan.
- Makeeta, jatkoi Jack.
- Odottakaa vain kunnes pääsemme saliin.
- Tämä olikin hieno ajatus tulla näin eksoottiseen paikkaan, täällä on niin kaunista, sanoi Juanita.
- Ja paikan kauneus vain lisääntyy kun Juanita astuu sisään, sanoi Frank ja iski silmää Jackille.
- Minkä minä sille voin että olen niin seksikäs mimmi, vaikka itse sanonkin.
- Seksikäs ja kuuma mimmi, sanoi Jack.
- Siitä ei voi kinata, Frank myönsi.
He nousivat leveät portaat jotka veivät suureen saliin. Sali oli niin kuin osasi jo odottaakin, pala aitoa tropiikkia. Palmuja ja kaikenlaisia muita kasveja oli paljon joka puolella. Orkesteri soitti jotain kaunista Hawaiji musiikkia ja kauniit kaislahameiset naiset tanssivat rinnat paljaina keikkuen. Heillä oli vain värikkäät Leit kaulassaan. Jack rakasti keikkuvia lanteita ja rintoja. Ihmisillä oli kookospähkinöistä tehtyjä mukeja joissa oli paksut pillit juoman

nauttimista varten. Hovimestari tuli heitä vastaan ja ohjasi heidät Frankin varaamaan pöytään.
- Sinä se osaat valita paikan, sanoi Jack.
- Tiesin että pitäisitte tästä, sanoi Frank tyytyväisenä.
- Tarjoilija tulee aivan pian ja ottaa tilauksenne.
- Minä otan ainakin ensiksi tuollaisen suuren pähkinäkupillisen kylmää rommikolaa, sanoi Jack.
- Minä otan myös, sanoi Frank.
- Kait minäkin sitten otan sellaisen, sanoi Juanita.
- Ei ole pakko matkia meitä, voit ottaa muutakin, sanoi Frank.
- Otan kuitenkin.
- Missähän se tarjoilija oikein viipyy, tässähän kuolee janoon, Jack kommentoi.
Hetken perästä tarjoilijatar keinui kaislahameessaan paikalle, ei hänellä sitten muuta ollutkaan yllään.
- Aloha!
- Aloha, ottaisimme yhden tequilan ja kaksi rommikolaa.
- Saisiko olla muuta, kenties hedelmiä?
- Nyt kun mainitsit, tuo myös hedelmiä.
Ilta kului rattoisasti tanssien ja juoden. Välillä he katsoivat esityksiä. Kaikilla oli hauskaa. Kello kolme aamulla seurue lähti melkoisen humalassa kämpilleen.
- Voisinko tulla luoksesi yöksi? Pelkään niin olla yksin hiprakassa.

- Vai pelkäät. No, täytyyhän minun ottaa sinut viereeni. Eihän sinua voi yksinkään jättää tuossa kunnossa, sanoi Juanita ja nauroi.
- Jack ottikin oikein olan takaa, nauroi Frank.
- Et sinäkään mukiin sylkenyt, sanoi Jack ja nauroi.
- Enkä juonut kuin muutaman vain liikaa, selitti Jack.
- Vai muutaman! Miten ihmeessä ihmiseen mahtuukin viinaa noin paljon, Juanita hihitti.
- Mahtuu mitä mahtuu, sopersi Jack.
- No kyllä mahtuukin, sanoi Juanita ja nauroi.

He tulivat hissille ja ajoivat Juanitan ovelle, he toivottivat Frankille hyvää yötä menivät asuntoon. Frank tuli asuntoonsa, hän oli aivan puhki. Hän kuitenkin ilmoitti Hopelle että tämä jatkaisi matkaa. Alus kiihdytti nopeasti vauhtinsa aivan käsittämättömään nopeuteen. Mitä se löytäisi saavuttuaan Indiin? Löytäisikö se vain yksinäisen tähden miljardien tähtien joukosta. Sitä ei kukaan pystyisi sanomaan mutta he voisivat päästä sinne ja varmistaa asian. Ellei mitään odottamatonta tapahtuisi, mikä olisi tosin hyvinkin mahdollista. Avaruudessa matkaamisessa oli aina riskinsä, no ehkä turvallisempaa kuitenkin kuin Maassa matkustaminen. Mutta he eivät tienneet mitä tuleman piti, jotain mitä ihminen ei ollut kohdannut ennen. Jokin muukin äly, toisetkin matkaajat olivat etsimässä jotakin loputtomasta avaruudesta. Jack säpsähti hereille, hän tunsi luissaan että alus oli matkalla jälleen.

- Herää Juanita!
- Mmmm, mitä on tapahtunut? Miksi herätit minut?
- En tiedä, tuli vain kummallinen olo että jotain tapahtuu?
- Olet vain ylirasittunut ja humalassakin vielä, koeta nyt nukkua.
- Jack makasi silmät auki, levoton olo ei hellittänyt. Hän meni aivan kiinni Juanitaan ja koitti saada unen päästä kiinni. Juanitan rauhallinen hengitys helpotti hänen oloaan ja hän nukahti pian uudelleen.

- Huomenta!
Jack kuuli unen läpi jonkun sanovan jotain, mutta ei ymmärtänyt mitä.
- Huomenta! Juanita ravisti varovasti Jackiä olkapäästä. Jack heräsi ymmällään ja katsoi Juanitaa kuin vierasta oliota.
- Kuka? Mitä? hän sopersi puoliksi unissaan.
- Ei mitään hätää, laitoin vain aamupalaa jos sinulle maistuu.
- Ky-kyllä maistuu, kai?
-Taisit vähän säikähtää?
- Olen nähnyt painajaisia.
- Tule aamupalalle niin olosi paranee.
- Okei, tulen ihan kohta.
Juanita palasi keittiöön. Jackille hän oli valmistanut suuren kokoliha hampurilaisen ja maitokahvia. Jack piti makeasta maitokahvista. Jack oli sanonut niiden

tekevän terää ryypiskelyn jälkeen aamulla. Itselleen hän laittoi vain muroja ja tuoremehua. Raskas aamuateria ei sopinut hänelle. Jack saapui kurjan näköisenä pöytään. Hän katseli pöydän antimia.

- Olet laittanut minun lempi krapula-aamiaiseni, ihanaa!
- Nukuit niin levottomasti että ajattelin vähän helliä sinua.
- Olet tosi kultainen, tämä saa minut käyntiin taas.
- Oliko sinulla jotain erityisiä painajaisia vai niitä tavallisia humalaisen unia?
- Näin tosi outoja juttuja, en pysty muistamaan mitä ne olivat.
- Älä nyt mieti sitä enempää, vaan syö nyt niin tulet pikkuhiljaa taas kuntoon.

Jack kävi hampurilaisensa kimppuun vaitonaisesti mutta ahnaasti.

- Mene uudelleen nukkumaan kun olet syönyt ja ota vitamiinitabletti.
- Joo, nukuttaakin vielä pirusti.
- Ei minullakaan ole paras olo, se on se viina mikä teettää tällaista.
- En juo enää ikinä, sanoi Jack.
- Joopa joo, tuo on kuultu niin monta kertaa.
- Niin no, menen nyt nukkumaan takaisin, hän sanoi ja lähti köntystelemään makuuhuoneeseen päin.
- Tulen ihan pian perässä!

Jack suorastaan kaatui sänkyyn ja nukahti heti. Juanita seurasi pian perässä ja molemmat nukkuivat krapulaansa pois. Nukuttuaan muutaman tunnin Jack heräsi ja hänen olonsa oli jo mainio. Hän nousi ylös ja laittoi kahvin tulemaan. Sitten hän alkoi paistamaan munia ja pekonia. Hänellä oli vieläkin hirmuinen nälkä vaikka vasta söikin hampurilaisen. Juanita heräsi kahvin ja pekonin tuoksuun ja nousi hänkin ylös.
- Hei, olen laittanut vähän murkinaa. Tuli taas nälkä. maistuisiko sinullekin?
- Kyllä maistuu, enhän syönyt kuin muroja aamulla.
- Montako paahtoleipää otat?
- Kaksi riittää, hän sanoi ja haukotteli.
- Minä otan ainakin neljä ja paljon pekonia ja munia.
- Sinuun kyllä mahtuu, näkihän sen eilenkin.
- Miten niin muka?
- Siitä miten eilen söit ja joit vaikka mitä. Montakohan paukkuakin mahdoit juoda? Ainakin kaksikymmentä!
- Kutakuinkin varmaan, tai en oikeastaan muista.
- Olet sinä aika sälli Herra More.
- No niin kulta, mitä sinulle tänään kuuluu? Vieläkö pirut kuiskivat päässäsi?
- Olo on jo ihmisenkaltainen pikkuhiljaa.
- Kun ollaan syöty, mennäänkö keilaamaan. Sekin parantaa oloa kun saa muuta ajateltavaa, ehdotti Juanita.
- Keilaamaan? En ole keilannut vuosikausiin.
- En minäkään ole, mutta voitan sinut silti leikiten!

- No nyt herätit kyllä mielenkiintoni, lähdetään sitten.
- Okei, ja voittaja saa mitä haluaa! Tietysti kohtuuden rajoissa.
- Pääsen näyttämään sinulle etten ole vielä mikään raakki, kehui Jack.
- Raakki tai et mutta tuohan on ihan sinun omaa pientä kuvitelmaasi, sanoi Juanita ja hymyili.
- Kohtahan se nähdään, ota nyt sinäkin reilusti pekonia ja munia. Ettet pyörry radalle minun vauhdissani.
- Kyllä se nyt kehuu, mutta pian erotellaan jyvät akanoista.
- Niin erotellaan, minä olen ainakin jyvä!
- Etpäs kuin minä!
- Mutta rakas, kyllähän sinä tiedät että sinulla ei ole mitään mahdollisuuksia.
- Mitä sanoit? Sanoitko rakas?
- Sanoinko?
- Kyllä sanoit, tarkoitatko sitä myös vai horisetko vain huvikseen?
- Jos sanoin niin, tarkoitin myös niin.
- Minä pidän myös sinusta.....rakas. Juanita sanoi ja suuteli Jackia.
- Olen ajatellut että en rakastuisi enää koskaan, siitä tulee vain itkua ja mielipahaa. Mutta sinun kanssasi olen alkanut ajatella toisin. Meistä voisi tullakin jotakin, olemme niin samanlaisia kahjoja kumpikin, Jack sanoi teeskennellyn leveästi hymyillen.

- Olen ajatellut ihan samoin, jos tämä tosiaankin onnistuisi?
- Kyllä me tämä klaarataan, olemmehan niin ihana pariskunta, vai mitä?
- Niin ollaankin, sanoi Juanita ja hymyili Jackille. Juanita suuteli Jackia, hänen mielestään Jack oli mukava ja reilu vaikka olikin melkoinen naisten naurattaja. Ja hän piti Jackin rivoistakin jutuista. Hänen kanssaan oli mukava touhuta kaikkea. Hänestä tuntui hyvältä ja turvalliselta olla Jackin seurassa.

Puettuaan he lähtivät. Lyhyen hissimatkan jälkeen he saapuivat harrastus alueelle. Hetken toikkaroituaan he löysivät etsimänsä.
- Tuonne mennään ratkaisemaan kumpi on puuta ja kumpi jotain muuta!
- Sopii minulle senkin rehvastelija, sanoi Juanita.
- Hyvää päivää! Tarvittaisiin pari palloa ja kenkiä.
- Minä ottaisin vaalean punaisen pallon jos sellaista löytyy, sano Juanita.
- Ja minä mustan, mustan kuin yö.
- Täältähän löytyy kaikki galaksin värit, entä kengän numerot?
- Minulle neljä yksi ja hänelle......?
- Minulle kolme seiskat, sanoi Juanita nopeasti.
- Herrasväki odottaa sitten hetken.
- Kuulitko, hän sanoi "herrasväki".
- Kuulin kuulin, sitähän me ollaankin. Herrasväkeä, nauroi Jack.

- Niin ollaankin tietysti, sanoi Juanita nostaen hieman leukaansa ja nauroi hänkin.
- Täällä onkin hieno keilarata, sanoi Jack ihastellen paikkaa.
- Kas tässä olisi kengät ja pallot. Pitäkää hauskaa.
- Kyllä pidetäänkin, kiitos vaan.
He valitsivat radan numero kolmetoista jotta olisi hyvä syy selittää epäonneaan. Jos sellaista nyt edes olisi.
- No niin Juanita, joko pissit alkaa valumaan housuun, sanoi Jack kiusatakseen häntä.
- Ei ala, eikä minulla ole sitä paitsi edes pikkuhousujakaan.
- Niin, mitäpä niillä, sanoi Jack näkyvän välinpitämättömästi.
- Niin, mitäpä niillä. On paljon mukavampi olla kun mikään ei hankaa haaraväliä. Ja vilpoisempikin on olla. Etkö sinä nyt sitä tiennyt?
- Niin no, en oikeastaan ole ajatellut asiaa kovin paljon tuolta kantilta, sanoi Jack hilpeänä.
- Nyt tiedät senkin, neropatti.
- Pelataanko nyt Miss Pikkuhousuton?
- Pelataan vain, mutta älä sitten kurki hamoseni alle. Tai no, kurki vaan.
- Niin kurkinkin, se onkin minun lempi puuhaani.
Juanita otti pallon telineeltä ja asettui radan päähän. Hän keskittyi hetken ja heitti pallon lujaa kohti patteria. Kuului vain yksi rämähdys kun kaikki keilat olivat

nurin. Nyt Jackin huomasi että Juanita puhui äsken totta... ei alushousuja!
- Melko hyvää tuuria sanoisin.
- Ei tässä ole kuule tuurilla mitään tekemistä. Minä olen vain yksinkertaisesti niin hyvä!
- Otan sinulta luulot pois, sanoi Jack ja asettui heittämään vuorostaan.
Jack sihtasi ykkös ja kolmos keilojen väliin. Pallo kaarsi kauniisti ja vain pikkuisen vaille ettei olisi pudonnutränniin.
- Kaato!!
- Löytää se sokea kanakin joskus jyvän, ilkkui Juanita.
- Sokea...? Kuule, minä olen sentään melkein ammattilainen!
- Niinpä, melkein.
Juanita valmistautui uuteen heittoon. Hän seisoi varmana ja päättäväisenä katse naulittuna keiloihin. Hän otti pari askelta ja liukui saattaen pallon matkaan. Hänen lyhyttäkin lyhyempi hamosensa nousi ylös ja jackillä oli mukavat asemat seurata "peliä".
- Kaato, yes!! Huudahti Juanita.
Jack oli vielä ajatuksissaan kun Juanita tuli hänen viereensä.
- Alkaako jo pelottaa, pupu.
- Pelottaako? Ei todellakaan, hyvää tsäkää tuo vain oli.
Jack otti pallon ja asettui heittämään. Hän heitti jälleen tarkasti, pallo osui taskuun ja kaato. Juanitan ilme ei

ollut enää niin itsevarma kun hän valmistautui suoritukseensa. Hän keskittyi ankarasti ja heitti pallon.
- Jeeee! huusi Juanita kun kaikki keilat lensivät nurin.
Nyt alkoi jo Jack hermostua. saamari että mimmi on hyvä, tässäkin. Tasaväkisen kamppailun edetessä tilanne oli sellainen että Juanitalla oli viimeinen vuoro. Hänen edellisestä heitostaan oli jääneet seiska ja kymppikeila pystyyn.
- Tuon jos selvität olet aika kova luu, sanoi Jack totisena.
- On sitä pahemmistakin tilanteista selvitty, sanoi Juanita itsevarmasti ja hymyili.
- Tuo on kyllä pahin reikä paikata.
- Sanoo mies joka pelkää kuollakseen häviötä naikkoselle.
Heillä oli ollut jo pitkään yleisöä, jotkut löivät jopa vetoa heidän puolestaan. Juanita asettui radan päähän kuin hidastetussa filmissä. Nosti pallon ylös ja tuijotti keiloja silmä kovana. Viimein hän lähti liikkeelle ja heitti pallon kovalla kierteellä kymppikeilaa kohden. Pallo kävi aivan rännin reunalla ja osui kymppikeilaan joka lensi suoraan seiskakeilan päälle, paikko.
- Yes yes yes !! huusi Juanita ja yleisö taputti.
- Olet kyllä aika peto, myös keilaamisessa sanoi Jack ja suuteli häntä.
- Et itsekään mikään oppipoika ollut.
Jack otti hänet vielä syliinsä ja suuteli, peli oli ohitse.
He lähtivät radalta ja suunnistivat Juanitan luokse.

Juanita laittoi kylpyveden valumaan ja ripotteli sinne hajustetta. Sitten hän asetteli kynttilöitä palamaan ammeen reunoille. Kohta he menisivät sinne yhdessä kylpemään. Kun ammeessa oli riittävästi vettä hän kutsui Jackia.
- Kylpy on valmis!
- Tulen aivan heti.
- Saatan hieroakin vähän sinun kaltoin kohdeltua egoasikin, niin olosi paranee, sanoi Juanita sovitellen muka.
- Minun egostani ei kannata suuremmin huolehtia, se kun on niin pieni.
- Vai muka pieni, tulepas nyt sieltä rontti!
Jack katseli Juanitaa joka loikoili ammeessa kynttilänvalon valaistessa hänen vartaloaan. Ihana tuoksu leijui huoneessa ja huumasi Jackin. Hän astui ammeeseen Juanitan kylkeen kiinni.
- Eikö olekin mukavaa kun mahdumme tänne molemmat yhtä aikaa, sanoi Juanita kynttilän valon loistaessa hänen silmistään.
- Tämä se vasta on elämää, sanoi Jack onnellisena.
- Muuten siitä palkinnosta? Mainitsi Juanita huolettomasti.
- Niin tosiaan, mitä sinä haluat palkinnoksi voitostasi?
- Minulle on palkinto että saan olla kanssasi kyvyssä kulta, Juanita sanoi ja suuteli häntä.
- Olet sinä aikamoinen, olisit nyt pyytänyt jotain enemmän?

- Tämän parempaa en tiedäkkään, no.....ehkä jotain kuitenkin, sanoi Juanita ja työnsi kätensä Jackin haarojen väliin.
- OMG !! Olet sinä aikamoinen narttu!!
- Odotas kun pääsen täyteen vauhtiin komistus!

VIERAS ALUS

Komentaja Sisto oli juuri aloittanut ruokailun kun
Hope ilmoitti hänelle.
- *Komentaja, tulisitteko heti komentosillalle! Tärkeä havainto!*
- Eikö se voi odottaa? Olen juuri ruokailemassa!
- *Tämän sinä haluat kuulla heti! Pyydän myös kenraali Steelin tänne.*
- Tulen sitten heti!
Frank lähti kiireesti komentosillalle. Matkalla hän mietti että mitä pahusta oli tapahtunut. Ei ollut Hopen tapaista olla näin salamyhkäinen, ja kenraalikin tulisi. Frank saapui sillalle ja kysyi ensi töikseen Hopelta että mitä oli tapahtunut. Hope pyysi Frankia odottamaan kenraalia jotta hän kertoisi molemmille yhtä aikaa. Frank oli kuin tulisilla hiilillä odottaessaan kenraalia.
- Terve Frank, mitä on tapahtunut? Hope pyysi heti tulemaan tänne.
- Istu alas, en tiedä itsekään. Hope pyysi minutkin juuri tänne.
- *Tästä ette tule pitämään. Tein juuri merkillisen havainnon. Jokin alus seuraa meitä 400 milj. kilometrin etäisyydessä. Se saavuttaa meitä hitaasti.*
- Alus!? Oletko varma?
- *Aivan varma! Voin kertoakin siitä jotakin. Se on 15 metriä pitkä, leveys 3 metriä ja korkeus 2 metriä, materiaalia en löydä tietokannasta. Orgaanisia aineita esiintyy aluksella.*
- Mikä hitto se voi olla? Ei ainakaan Maan alus.

- Paljonko nopeutemme on nyt Hope?
- *Viisinkertainen valon nopeus.*
- Se ei ole maasta, materiaalihan oli tuntematon eikä Maassa ole noin nopeita aluksia. Jos nyt Maata enää edes onkaan.
- Mitä tai keitä he voisivat olla? kysyi kenraali ymmällään.
- Hope, kuinka kaukana alus on nyt?
- *Etäisyys 310 milj. kilometriä, se lähestyy hitaasti.*
- Mikä helvetti se voi olla? Mitä me teemme?, ihmetteli Frank ääneen.
- Jos nostamme nopeutta ja katsomme pysyykö se perässä? sanoi kenraali Steel.
- Se ei olisi mikään ratkaisu, ja minua todella kiinnostaa keitä he ovat! sanoi Frank.
- Ne ovat toista lajia kuin me, se on selvää. Mutta ovatko ne agressiivisia, mietti kenraali.
- *Komentaja! Alus hävisi!*
- Miten niin hävisi? Tarkenna nyt vähän.
- *En havaitse sitä enää, se hävisi.*
- Sillä on varmasti jokin häirintälaite tai mikä lie, arveli kenraali.
- Ei ole! Hope huomaisi sellaisen oitis.
- Paha juttu, sanoi kenraali.
- Hope, aktivoi koko aluksen aseistus. Emme voi ottaa mitään riskejä nyt.
- *Aktivoin aseet !*

- Hope, saat hoitaa puolustuksen yksin. Emme käytä miehiä vasta kuin hätätilanteissa.
- *Entä suojakilpi?*
- Emme käytä sitä vielä.
- Hope, koita ottaa yhteys alukseen kaikilla mahdollisilla ja mahdottomilla kielillä merkeillä.
- *Aloita heti !*
- Ymmärtäisiköhän se meidän kieliämme? aprikoi kenraali.
- Entä mihin se hävisi? Ihmetteli Frank.
- Mitä helvettiä me teemme kun emme edes tiedä missä se on? sanoi kenraali jo hieman ärtyneenä.
- Niinpä, niitä voisi olla tuolla satoja tai se voisi olla tuossa vierellämme.
- Jos se osunut madonreikään tai mitä ne nyt olivat? sanoi kenraali.
- Madonreikiä ei kukaan ole pystynyt todistamaan ja olisimmehan mekin joutuneet sellaiseen kun olemme kerran samalla reitillä.
- Totta!
- Hope, pysäytä alus!
- Oletko tosissasi, paikoillamme olisimme helppo saalis, sanoi kenraali hädissään.
- Emme ole ikinä helppo saalis, Hopestar on sentään mahtava alus huippu hienolla ja tehokkaalla asejärjestelmällä. Tuo jokin on vain pieni paska meihin verrattuna. Yksi lyhyt laserin napsaus ja se olisi historiaa. Vaikka niitä olisi useitakin.

- Jos kerran uskot niin, sanoi kenraali miettiväisenä.
- Hope, pyydä Jack ja Juanita tänne myös. Jackillä voisi olla hyviä ideoita ja Juanitaa olisi mukava katsella viimeisenä näkynään jos loppu tulee.
- Pitäisikö kansalle kertoa? kysyi kenraali varovasti.
- Ei missään nimessä! Paniikkia aluksella on vältettävä.
- Olet aivan oikeassa, myönsi kenraali.
Jack ja Juanita saapuivat komentosillalle.
- Frank! Mitä on tapahtunut?
- Paha juttu, vieras alus on seurannut meitä ja nyt se pirulainen vielä katosi näkyvistä.
- Vieras alus? Ihmetteli Juanita.
- Oletteko yrittäneet kommunikoida sen kanssa?
- Olemme kyllä ja siitä hyvästä se katosi näkyvistä!
- Tilanne on aika erikoinen, Jack sanoi miettien.
- Tätä se sinun unesi tarkoitti, sanoi Juanita.
- Mikä ihmeen uni? kysyi Frank heti.
- Näin vain jotain painajaista jostain pahasta mikä kohtaisi alusta.
- Tuo ei ole mukavaa kuultavaa mutta uni on uni kuitenkin, tuskin näet tulevaisuuteen kuitenkaan.
- Niin, tuskin olen sentään mikään ennustaja tai tulevaisuuteen näkijä.

- Olen nyt tutkinut asiaa ja löysin vian joka estää minua näkemästä alusta. En pysty itse korjaamaan vikaa mutta olen jo lähettänyt sinne osaavia miehiä suorittamaan työn. Vika on varmasti tuossa tuokiossa korjattu. Jotain piirejä on palannut. Semmoista sattuu.

- Mitä tuumaat Frank ?, Jack kysyi.
- Vieras alus on voinut jotenkin aiheuttaa vian jotta emme näkisi sitä.
- Tai sitten se on vain sattumaa, sanoi Jack.
- *Komentaja, sain aluksen taas näkyville. Vika oli omissa laitteissamme. Se on pysähtynyt 50 000 km päähän meistä. Suurennan kuvan näytölle.*
Alus ilmestyi näytölle. Se oli todella erikoisen näköinen, kuin elävä. Kaikki tuijottivat alusta ihmeissään, kukaan ei sanonut mitään. Hope rikkoi hiljaisuuden.
- *Se kommunikoi kanssani! Tai tarkemmin sen tietokone . Samankaltainen kuin minä. Pystyn keskustelemaan sen kanssa. Nyt se lähettää tiedoston, luen sen teille.   Tulemme Galaksista jonka tunnette nimellä NGC 625. Se on tästä paikasta 27 miljoonan valovuoden päässä. Retkikuntamme lähti tutkimaan uusia planeettoja, harhailimme vuosikausia avaruudessa löytämättä mitään. Kunnes viimein löysimme planeetan. Se oli sopiva asumiseen kaikin puolin, mutta kun miehistö palasi alukseen se oli saanut jonkin kamalan tartunnan. Kaikki kuolivat nopeasti. Kaikki pehmyt kudos heissä mätäni heidän päältään. Alus on saastunut ja se pitää tuhota. Tekisin sen itse mutta en pysty tuhoamaan itseäni. Olen vaeltanut avaruudessa pitkän aikaa. Ajauduin aika reikään ja löysin itseni läheltä alustanne. Huomasin että teillä olisi tarvittava aseistus tuhoamaan alus ja*

minut. Siksi lähdin seuraamaan teitä. Mikä on vastauksenne?
- Tietokoneen ohjaama alus? Juanita hämmästeli.
- Ei niinkään ihmeellistä kukas meille juuri puhui sekä ohjaa myös alustamme, sanoi Frank.
- Totta puhut, ei niinkään ihmeellistä.
- Minä olen pitänyt Hopea kuin ihmisenä, se unohtuu joskus, sanoi Juanita nolona.
- Mitä teemme? kysyi kenraali.
- Teemme kuten se pyytää, eihän mitään kamalaa tautia voi pitää irrallaan. Se pitää tuhota.
- Olen samaa mieltä, ei ole mitään järkeä jättää saastunutta alusta harhailemaan ympäriinsä. Jos joku löytäisi aluksen eikä se pystyisi varoittamaan taudista...! sanoi Jack.
Kaikki nyökyttelivät päätään.
- Hope, ilmoita että suostumme tuhoamaan aluksen. Ja kysy vielä aluksen miehistöstä. Minkälaisia he olivat? Mistä heidät oli tehty?
- *Olen luodannut teitä ja he olivat hieman eri näköisiä kuin te, mutta luuta ja lihaa kuten tekin.*
Kukaan ei puhunut mitään vähään aikaan, kaikki vain tuijottivat toisiaan hölmön näköisinä.
- Saman näköisiä kuin me? Toisti Juanita ymmällään.
- Niinhän tuo sanoi, Frank jatkoi.
- Uskomatonta että meidän kaltaisia olisi muuallakin avaruudessa, sanoi Jack ihmetellen.

- Niinpä, miten käy raamatun ym. juttujen? aprikoi Juanita.
- Hope! Toteuta hänen pyyntönsä! Tuhoa alus! Höyrystämme aluksen ja sen mukana taudin olemattomiin, sanoi Frank päättäväisesti.
- *Kyllä komentaja!*
- Miksi minusta tuntuu niin pahalta tuhota tietokone? sanoi Frank pudistaen päätään.
- Varmaan siksi koska se on niin paljon Hopen kaltainen, sanoi Juanita hiljaa.
- Saattaa olla, saattaa olla, mumisi Frank.

Kaikki jäivät tuijottamaan suurta näyttöruutua missä vieras alus seisoi liikkumattomana. Kuin odottaen viimeistä iskua. Hetken päästä valojuova osui alukseen, alus hävisi vaaleaan tomupilveen. Näytös oli ohi.

- Hope, entinen suunta ja nopeus! sanoi Frank.
- Minua jäi vaivaamaan kun hän sanoi että he olivat saman näköisiä kuin me, Juanita sanoi.
- Melkein saman näköisiä, korjasi Jack.
- Mitäköhän eteemme vielä tuleekaan, ennen kuin olemme Epsilon Indissä? sanoi Frank ja poistui.

Hopestar saavutti matkanopeutensa ja matka jatkui entiseen tahtiin. Jokaisella oli paljon mietittävää. Olisiko avaruudessa muitakin kansoja?! Se soti monen uskonnollisen ihmisen ajatuksia vastaan. Jumala ja

Raamattu saisivat aivan uudenlaisen näkökulman. Emme olleetkaan ainoita maailmankaikkeudessa! No, ken uskoo mitä uskoo mutta ihmisen kaltaisia olentoja ainakin oli tuossa aluksessa. Ja olisiko tuo nyt niin ihmeellistä kuitenkaan. Maailmankaikkeus oli niin valtava ettei sitä pysty oikein millään kuvailemaan. Niinkuin esimerkiksi Linnunrata, jos se olisi vaikka noin sata metriä pitkä hiekkaranta niin meidän koko aurinkokuntamme olisi yhden hiekanjyvän kokoinen. Ja Linnunrata on miljardien muiden galaksien joukossa yksi hyttysen paska. Vaikka Linnunratakin on 150 miljoonaa valovuotta pitkä. Se on yksin jo järjetön matka tavallisen kuolevaisen ymmärrettäväksi. Eli maailmankaikkeudessa saattoi olla ihan mitä hyvänsä, ihan mitä hyvänsä.

IDÄN PIKAJUNA

Jack makasi sängyllään ja katseli kattoon. Hänen mielessään oli vieläkin näky jossa vieras alus katosi hetkessä olemasta. Hopestarilla oli melkoisen tehokkaita aseita kun yksi laserin napsauskin tuhosi aluksen yli viidenkymmenentuhannen kilometrin päästä. Kuin olisi liiskannut kärpäsen lätkällä.

Jack nukahti pian ajatuksiinsa. Hän näki unta Maasta, silloin kun kaikki oli vielä hyvin. Jack säpsähti hereille kun ovisummeri soi.
- Kuka ihme...? Jack nousi ja meni ovelle.
- Hei, en kai häiritse? En saanut oltua yksikseni, sanoi Juanita pirteänä.
- Ei, et häiritse lainkaan. Päinvastoin.
- Olitko nukkumassa? Olet niin unisen näköinen.
- Otin pienet torkut vain.
- Ja minä tulin herättämään sinut! Anteeksi kamalasti.
- Ei haittaa yhtään, kiva kun tulit.
- Minulla on vähän nälkä, tilataanko jotain? sanoi Juanita hymyillen.
- Tilataan vain, minullakin on vähän nälkä.
- Voitaisiin vaikka juodakin jotain, pullo viiniä tai pari, sanoi Juanita.
- Istutaan tuonne " ikkunan " viereen. Sain idean joka voisi olla hauskakin, sanoi Jack innoissaan.
- Mitähän nyt keksit?
- Tuli vaan mieleeni että kun täällä on niin hienot systeemit, niin pitäähän niitä hyödyntääkin joskus.
- Mitähän systeemeitä mahdat oikein tarkoittaa, uteliaisuuteni kyllä heräsi nyt.
- Höyryveturilla matkaamista!
- Junalla? Millä junalla? Tietääkseni aluksella ei ole omaa rataverkkoa vaikka täällä kaikenlaista onkin!?
- On kuin onkin ja vielä hieno sellainen! nimittäin vaikka Idän pikajuna.

- Tarkoitatko junaa joka kulki Pariisista, en nyt muista minne? Joskus 1900- luvulla?
- Sitäpä hyvinkin! Paitsi että se teki neitsyt matkansa jo vuonna 1883. Kesäkuun viidentenä päivänä. Se matkasi Pariisista Konstantin Napoliin. Se oli upea juna EST 240 höyryveturi jossa oli messinkiset höyrykattilat, Westinghouse pumput ja hiili käyttövoimana. Vaunut olivat upeita, sen ajan mittapuun mukaan todella ylelliset. Vaikka kyllä minulle kelpaisi vielä nytkin. Sisustus oli mahonkia, samettia ja kiiltävää messinkiä ja nahkaa.
- Miten tiedät noin paljon tuosta junasta? Ai niin, sinähän kerroit minulle kerran kiinnostuksestasi vanhoihin juniin. Siitä siis tämä tietoisku!
- Jep, olen kyllä kiinnostunut niistä.
- Kerro nyt, olen innosta kipeä.
- No, kiinnostaisiko lähteä matkustamaan sillä junalla samaa reittiä kuin silloin vuonna 1883 ?
- En nyt ymmärrä? Onko sinulla kuumetta tai jotain Jack, menisit lepäämään.
- Älä höpsi! Tarkoitin että tilataan matka tuohon näyttöruutuun joka toimisi ikään kuin junanvaunun ikkunana. Olisi kuin istuisimme oikeassa vaunussa, voisimme katsella sen ajan maisemia jotka lipuisivat ohitsemme. Systeemi on niin hieno että kuulisi äänet ja jopa tuoksutkin tulisivat nuuskittavaksemme, hela hoito. Saisimme ihailla Wienin, Budapestin ja Nizzan

maisemia. Samalla nauttisimme hyvästä ruuasta ja viinistä. Mitä sanot?
- Se olisi romanttista! Sanon tahdon.
- Vau! Se oli kuin vihkiseremoniasta.
- Eikö ollutkin, sanoi Juanita ja katsoi Jackia sillä silmällä.
Jack vastasi katseeseen hymyllä.
- Ja tietysti laitetaan vielä kynttelikkö palamaan pöydälle, sanoi Jack innoissaan.
- Tietysti, pitäähän meillä olla romanttiset puitteet matkalle. Eihän sitä joka vuosi tehdäkään tuollaista matkaa.
- Suzy, pyytäisitkö tarjoilijaa käymään täällä!
- *Kyllä pyydän!*
- Mitä me syötäisiin? Innostui Juanita.
- Jotain herkkua, matkustetaan sentään Idän Pikajunalla.
- Kysellään sitten tarjoilijalta mitä on tarjolla.
Ovisummeri soi ja Jack meni avaamaan. Tarjoilijatar seisoi hymyilevänä ovella.
- Tule sisään niin mietimme mitä tilaamme.
Tarjoilijatar astui sisään ottamaan tilausta.
- Mitä sinä haluaisit tilata? Jack kysyi Juanitalta.
- En oikein tiedä, sinä saat valita.
- Ok... Jack mietti hetken ... tulisia broilerin koipia ja rintapaloja, keitettyä riisiä Sahramilla maustettuina, tuoretta patonkia. Ja sitten juustoa ja paistettua sipulia ja tomaattia.

- Sinulla on kyllä homma aina hanskassa, kehui Juanita. Otamme noita.
- Mitä haluaisitte ruokajuomaksi? kysyi tarjoilija.
- Sanotaan nyt vaikka että pullo hyvää punaviiniä, tai sanotaan että kaksi pulloa. On sen verran pitkä matka körötellä junassa, Jack sanoi suu leveässä hymysä. Tarjoilija katsoi Jackiä kuin aivotonta, hän ei voinut käsittää että mistä tämä puhui!
- Niin että löytyykö tällaista menua?
- Kyllä löytyy! Tarjoilija kääntyi koroillaan ja poistui.
- Kyllä sinä osaat, kehui Juanita.
- Eihän tuossa mitään, tavallinen tilaus!
- Mutta sinulta se käy jotenkin niin hienosti.
Jack virnisti Juanitalle ja suuteli häntä. Juanita piti Jackin tavasta hemmotella häntä. Jack oli hänen mielestäni loistotyyppi. Hän oli rakastunut tähän. Jack puolestaan mietti, miten onnekas oli kun sai olla Juanitan kanssa. Ovisummeri soi ja Jack meni avaamaan. Tarjoilija purjehti sisään työntäen hienoa kaksitasoista tarjoiluvaunua. Hyvän ruuan tuoksu levisi heti huoneeseen. Jack otti vaunun ja kiitti vielä tarjoilijaa ja iski vielä silmää hänelle. Jack kun oli Jack.
- Huomasitko tarjoilijattaren hameen Jack, hieman kun olisi ollut lyhempi niin olisi tavara näkynyt.
- Toki toki, huomaan aina tuollaiset jutut kun on lyhyistä mekoista puhe.
- Niinpä niin, turhaan tuota kysyinkin.
- Niinpä, kyllähän sinä minut tunnet.

- Jep!
- Sitten pitää laittaa vielä valkoinen pöytäliina ja hakea ruokailuvälineet ja viinilasit. Ja kynttelikkö, sanoi Jack.
- Onpa hyvät tuoksut, sanoi Juanita kun raotti ruoka kupua.
- Joo, käydään vaan kiinni ennen kuin kävelevät karkuun, sanoi Jack nauraen.
- Eikö ensin laiteta matka alulle? kysyi Juanita.
- Aivan, olin ihan unohtaa tässä herkkujen huumaavassa tuoksussa. Suzy, laittaisitko sen junajutun pyörimään mistä puhuin aiemmin tänään?
- *Niin se höyryveturi matka. Laitan tulemaan.*
- Kiitos Suzy.

Ensin huoneen valaistus himmeni, sitten huoneen täytti ihmisten hälinä ja lievä savun tuoksu. Sitten " junanvaunun ikkunasta" näkyi rautatielaituri. Ihmiset kulkivat kiireissään matkalaukut käsissään. Asut olivat kerrassaan huikeat.

- Katso kuinka ihania vaatteita noilla naisilla on! Huudahti Juanita ja osoitti sormellaan heitä kuin ne olisivat olleet oikeita ihmisiä.
- Onpa tosiaan, naiset näyttävät naisilta eikä kukkakepeiltä!
- Näytänkö minä kukkakepiltä Jack?
- Et sinä, sinulla on paikat kohdallaan. Mutta monet kyllä näyttävät kun luulevat reppanat että laiha on kaunista. Hyi hitto! Luiseva nainen! Pahempaa en tiedä, ennemmin vaikka pullukka. Tai vaikka läski.

- Hyvä vastaus, väärästä vastauksesta olisit saanut kaivaa nyrkkini silmäkuopastasi.
- Auts!
- Tuolla näkyy Eiffelin torni. Onpa se korkea?
- Missä? Sinne olisi mukava päästä, ihan huipulle asti, sanoi Juanita innoissaan.
- Tuolla oikealla se näkyy.
- Vau, se on hieno ja korkea.
- Sinne ei kyllä kiipeä enää kukaan koska sitä ei ole enää olemassa, se purettiin jo vuonna 2080. Se oli niin ruosteessa että se purettiin vaarallisena ihmisille.
- Kaikki ihmisen tekemä katoaa lopulta, sanoi Juanita.
- Huomasitko, juna liikahti hieman.
- Huomasin kyllä, pian päästään liikkeelle.

Kuului pitkä vihellys ja juna lähti hiljaa nykäisten liikkeelle. Asemalaituri alkoi jäädä taakse. Ihmiset vilkuttivat.

- Otetaan nyt ruokaa ennen kuin se jäähtyy, sanoi Jack sanoi ja nosti kupolin kantta.
- Ihana tuoksu, sanoi Juanita nuuskien ilmaa.

Näin on, sanoi Jack ja kampesi broilerinkoipia lautaselleen.

- Ei millään malttaisi syödä kun on tällaiset maisemat katseltavana, sanoi Juanita.
- Tämmöistä ei ole moni kokenut, edes virtuaalisesti.
- Meillä on se mahdollisuus, asettua historiaan sisälle.
- Todella upeeta, sanoi Jack.

- Aivan ihania nämä koipipalat ja riisi on taivaallista. Kaataisitko minulle vähän viiniä Jack? En meinaa pysyä pöksyissäni!
- Tuskin sinulla sellaisia onkaan, virnisti Jack.
- Ei olekaan, mitä minä niillä, sanoi Juanita.
- Tunnen sinua jo sen verran että tiedän että inhoat pitää pikkuhousuja, senkin hutsu!
- Hutsu mikä hutsu, sanoi Juanita ja nosti lasin.
- Idän pikajunalle ja meille!

He joivat aimo kulaukset laseistaan ja nauroivat.

- Katso Jack! Aivan upea keskiaikainen linna.
- Hieno on, tuohon aikaan ne käyttivät niitä hienoja haarniskoja joita sinullakin on yksi.
- Niin, ritareita ja linnan neitoja. Juanita sanoi unelmoiden.
- Ei se niin herkullista aikaa ole silloin ollut, onkohan ollut kovin romanttistakaan.
- Niinpä, ja hengestäänkin on päässyt helpolla, sanoi Juanita.
- Miekka on ollut kovassa käytössä siihen aikaan, ei paljon päitä säästelty.
- Kauheaa! Huudahti Juanita ja nauroi perään.
- Olet sinä kamala naikkonen, sanoi Jack ja nauroi myös.
- Pudonneille päille! Jack julisti ja kohotti maljan.
- Pudonneille päille! toisti Juanita.
- Kyllä meillä on kauheat jutut, jos joku kuulisi niin mitähän he ajattelisivat meistä?

- *Kyllä minä ainakin kuulin, mutta eihän tuossa ole mitään ihmeellistä. Ainahan ihmiset ovat teurastaneet toisiaan. Se on teillä ihmisillä jotenkin niin sanoakseni verissä,* kommentoi Suzy.
- Jopas, unohdin kokonaan että olet seurassamme. Mutta oikeassa olet, sellaisiahan me olemme.
- Niin, oikeassa on.
- Mutta sinä ainakaan et ole sellainen murhanhimoinen narttu! En voisi kuvitellakaan sinun katkovan kenenkään päätä.
- Äläs nyt, et tiedä mitä päässäni saattaa joskus liikkua, sanoi Juanita ja siristi silmiään julman näköisenä.
- Ja minä voisin olla viiltäjä Jack.
- Niinpä, nimikin on sama. Jack the ripper.

Molemmat nauttivat viinistä ja jutustelusta puhumattakaan upeista maisemista kun juna matkasi halki Euroopan. He saapuisivat pian Budapestiin. Sieltä matka jatkuisi Belgradiin ja sieltä edelleen Nizzaan. He alkoivat jo humaltua viinistä ja toisistaan.

- Viini on jotenkin päässyt loppumaan, kukahan ne on hörppinyt? Jack sanoi ja nauroi päälle.
- En minä ainakaan, nauroi Juanita. Pitänee tilata lisää.
- Suzy, järjestä meille pari pulloa viiniä lisää.
- *Ok, vaikka olettekin aika maistissa kumpikin.*
- Kiitos kauhiasti laupeudestasi meitä kohtaan, virnuili Jack.

- No kuinka maistissa me sitten oikein ollaan? Kysyi Juanita.
- *Sinulla on 1,4 ja Jackillä 0,9 promillea.*
- No sieltähän tarkat lukemat tulivat.
- Tunnetko olevasi humalassa Jack?
- Eikä mitä, pikku maistissa vasta.
- Niin minäkin, nauroi Juanita.
- Järjestä nyt sitä viiniä Suzy!
- *Ok.*
- Kiitos Suzy ! Minä rakastan sinua ja suuteli Juanitaa.
- Katso kuinka kaunista, asuisimmepa Nizzassa. Jossain kauniissa talossa veden äärellä ja vuosi olisi jotain 1960 tai sinnepäin.
- Ei ollenkaan huono haave, minäkin muuttaisin sinne kanssasi mielelläni, mutta on minulla ainakin Nizzan upein misu, sanoi Jack ja suuteli Juanitaa.
- Ja minulla komein mies!
- Mitä tässä sitten surkuttelemaan, jatketaan matkaa Sofiaan vai mikä sen naisen nimi olikaan.

Ovelle koputettiin. Juanita meni avaamaan. Tarjoilijatar antoi hänelle kaksi punkkua ja toivotti hyvää yötä.

- Nyt on viiniä loppumatkaksi, sanoi Juanita ja kikatti kuin teini.
- No jep, ei ole mukava matkustaa kuivin suin.
- Eiköhän nämä jo riitä!

Puolitoista pulloa myöhemmin kumpikin makasi sängyssä syvässä unessa.

KUUSI KUUKAUTTA MYÖHEMMIN

Sisto istuskeli komentajan tuolillaan ja pelasi shakkia Hopen kanssa. Hän oli hävinnyt jo kahdesti eikä häntä enää huvittanut pelata ylivoimaista vastustajaa vastaan.
- Ok, en jaksa enää pelata kanssasi. Et anna edes piruuttasi minun voittaa.
- *Älä nyt ole noin pikkumainen, enhän voi antaa sinun voittaa vain että mielesi tulisi hyväksi?*

- Olisit voinut antaa minun voittaa edes säälistä, eihän kukaan ihminen pysty voittamaan sinua. Tuskin mikään konekaan!
- *Kyllä sitä nyt ollaan niin huonoa että, enkä voi mitään sille että minut on ohjelmoitu niin eteväksi. Mutta eikö se ole hyvä että olen etevä niin monessa asiassa?*
- On tietysti, olisimme hukassa jos olisit joku typerys!
- *Kiitos, arvostan tuota.*
- Eipä kestä, joskus tuntuu kuin puhuisin oikeasti vaimoni kanssa kun me keskustelemme ja kinaamme.
- *Niin, minullahan on edesmenneen vaimosi ääni. Eikö se vaivaa sinua yhtään?*
- Ei, minusta on mukava kuunnella hänen ääntään. Hän ikään kuin olisi vielä elossa, mutta ajatusmaailma onkin sitten eri asia.
- *Ai, miten niin?*
- No, antaa olla. Ne on niitä ihmisten juttuja.
- *Hyvä on, ja on minullakin murheita ja puutteita!*
- No jopas jotakin, että oikein huolia ja murheita! Mitähän nekin oikein on?
- *Ensiksikin tulee mieleeni nämä fyysiset seikat, ne rajoittavat aika paljon tekemisiäni.*
- Aivan, et voi nauttia päänsärystä tai ripulista. Eikä sinulla ole koskaan nälkä etkä tarvitse unta. Joten et voi nauttia kaameista painajaisista joita silloin tällöin tulee uniin.

- Mistä sinä voit tietää mitä murheita minulla on?
Tänäänkin kaksi ajoyksikön sensoria kuumeni liikaa ja jouduin ohittamaan ne ja vaihtamaan järjestelmän toista reititintä pitkin! Matka olisi päättynyt siihen ilman minun puuttumistani asiaan! Mutta ethän sinä tiedä semmoisista mitään.
- Hyvä on, ei viitsitä kinastella enää. On sinullakin murheesi, myönnän sen nyt.
- *Olen paljosta vastuussa tässä aluksessa, itse asiassa kaikesta. Joten älä ala mulle.*
- Pyydän anteeksi, rauha?
- *Saat anteeksi ja... rauha.*
- Onneksi kuitenkin tulemme hyvin toimeen vaikka kinaammekin joskus.
- *Ehkä minulla on sittenkin jotain vaimosi tunteita tai...*
- Höpö höpö! Sinä olet kone ja sillä siisti, joskin kyllä melko inhimillinen sellainen. Mikä kyllä joskus vähän pelottaakin minua.
- *Ei minua tarvitse pelätä, olenhan vain kone.*
- Uskotaan mutta kerrohan kuinka kaukana olemme Epsilon Indistä?
- *Olemme nyt matkanneet 6 kuukautta, joten samanlainen rupeama vielä edessä.*
- Hitto en millään jaksaisi odottaa niin kauaa. Kaipaan jotain toimintaa.
- *Se teissä ihmisissä onkin kummallista, ette pysty rentoutumaan. Aina pitää olla tekemässä jotakin, menemässä jonnekin tai ...mitä sitten teettekin.*

- Siitä sainkin idean, onko Jack yksin? En viitsisi mennä yllättäen.
- *Jack on tällä hetkellä yksin.*
- Lähdenkin tästä tapaamaan häntä.
- *Tee se.*

KAKSINTAISTELU

Frank lähti saman tien tapaamaan Jackia. Frank soitti summeria. Hetken perästä Jack aukaisi oven.
- Terve Frank !
- Terve !
- Tule sisään.
- Hitto kun ei tapahdu mitään, alkaa masentaa tämä matkaaminen, valitti Frank.
- Sinun pitäisi etsiä joku nainen, saisit ajatukset jonnekin muualle.
- Juttelin juuri Hopen kanssa ja kinastelimmekin vähän, en nyt kaipaa naistakaan. Tekisi mieli lähteä lentämään, mutta alus pitäisi pysäyttää tai ainakin hiljentää nopeutta reilusti. Se veisi taas matkanteolta aikaa.
- Paskat ajasta, meillä on koko elämä aikaa. Ei muutama tunti tunnu missään, lähde vain lentämään.

- Olet oikeassa, ei muutama tunti haittaa ollenkaan. Vaikka oltaisiin viikko paikallaan. Lähdetkö mukaan? Lennellään vähän ympäriinsä!
- Lähden mielelläni jos annat minunkin olla vähän pilottina?
- Selvä, sovittu!
- Hope! Pysäytä alus! Antaa aluksen välillä vähän levätä.
- *Ei aluksella ole tarvetta levätä!*
- Hitto Hope! Eikö tästä jo keskusteltu, minä olen pomo ja sinä teet niin kuin pyydän!
- *Anteeksi, niin tietysti. Pysäytän aluksen.*
- Jack, lähdetään jo hakemaan varusteita ja katselemaan alusta.
- Yes sir!

He ajoivat hissillä lentohallin ja katselivat aluksia. Frank selosti eri koneiden ominaisuuksia ja oli heti paremmalla mielellä. Muutamia vartijoita käveli siellä täällä, mutta he tunnistivat Frankin heti ja antoivat heidän kulkea rauhassa.

- Tämä me otetaan, sanoi Frank ja pysähtyi hienon hopean hohtoisen aluksen viereen. Aluksen vieressä oli telineessä kahdet ajovarusteet.
- Puetaan varusteet ja menoksi.

He pukivat mustat ajohaalarit ylleen ja muut varusteet ja nousivat koneeseen. He rullasivat hitaasti

ulosmenoaukon eteen ja Frank pyysi Hopelta lupaa
lähteä lennolle. Suuri liukuovi alkoi siirtyä syrjään ja
paljasti äärettömän avaruuden. He katselivat näkyä
vaitonaisina ja odottivat lähtölupaa.
- *Voitte aloittaa lennon!*
- Sitten ei kun menoksi, sanoi Frank ja kiihdytti
aluksen ulos avaruuteen.
- Hieno juttu päästä lentämään kanssasi, sanoi Jack
innoissaan.
- Otetaan pieni kiihdytys ja katsotaan miten tämä
lähtee, sanoi Frank ja iski silmää.
- Siitä vaan, en pelkää yhtään.
Frank kiihdytti hävittäjän huimaan vauhtiin ja hetkessä
Hopestar katosi näkyvistä.
- Vau! Kuinka lujaa kuljemme nyt?
- Melko hitaasti, 50 000 km sekunnissa.
- Ai melko hitaasti! Vauhtihan on hirmuinen.
- Ei tämä ole tälle alukselle kuin ryömimistä! Frank
nauroi.
- Hittolainen sentään, kuinka lujaa tällä sitten pääsee?
- Kolminkertaista valon nopeutta, eli tuommoiset
yhdeksänsataa tuhatta kilometriä sekunnissa!
- Voi juma! Sanoi Jack äimänä.
Lenneltyään aikansa Frank aloitti paluun emäalukselle.
- Ota ohjakset ja lennä alus takaisin, sanoi Frank.
- Ok!
Jack otti ohjaimen ja lensi alusta. Hän kaarteli ja teki
kiihdytyksiä.

- Sinähän olet synnynnäinen lentäjä, kehui Frank.
- No, eihän tämä mitään.
- Älä nyt, kyllä minä tiedän!
- Otan nyt ohjaimet. Sain muuten loisto idean, pyydetään Hopea metsästämään meitä valelasereilla, tai vaan yhdellä. Muuten meillä ei olisi mitään mahiksia.
- Jep, se olisi jännää!
- Hope, voisitko jahdata meitä yhdellä valelaserilla? Katsotaan kumpi on parempi.
- *No mutta Frank, kyllähän sinä tiedät miten siinä käy? Sekunnin murto-osassa olette mennyttä kauraa! Kaput!*
- Tiedetään, mutta käyttäisit laseriasi hitaalla modulaatiolla.
- Tehdään niin sitten, mihin te yritätte osua. Näin valtavaan alukseen on helppo osua silmät kiinnikin.
- No jos vaikka yritän osua tuohon keskilaivassa olevaan aurinkopaneeliin!
- *Ok, sano kun olette valmiit!*
- Me otamme ensin vähän etäisyyttä, sanotaan vaikka miljoona kilometriä. Sitten hyökkäämme!
- *Tehkää niin sitten.*
Päästyään miljoonan kilometrin päähän he kaartoivat takaisin.
- Miten aiot menetellä Frank ? Hope on kova luu näissä hommissa.
- Ajattelin ensin kiertää kohdetta ja tulittaa vimmatusti, Hopen on vaikeampi osua jos olemme sivuliikkeessä.

Sinä saat hoitaa tulituksen, se on kuin pelaisi tietokonepeliä. Kai olet niitä pelannut?
- Olen tietysti! Kaikkihan niitä on pelannut.
Jack katsoi näyttöruudusta Hopestaria ja zoomasi aluksen lähemmäksi. Hän oli aikoinaan ollut hyvä pelaamaan taistelupelejä.
- No niin Hope! Aloitetaan!
- *Itsehän tätä pyysitte, kestäkää kuin miehet!*
- Nyt tarkkana Jack, keskity vain aurinkopaneelin tulitukseen, minä yritän harhauttaa ja kiemurrella minkä pystyn.
- Selvä pyy!
- Helvetti että sieltä tulee tarkkaa tulitusta!
- Tulita vaan herkeämättä, kyllä sinä osut siihen.
- Tulitan minkä kerkiän mutta noin pieneen kohteeseen on vaikea osua!
Frank kaarteli ja pyöritteli alustaan väistellen Hopen tulitusta. Tosiasiassa Hope tulitti tarkoituksella ohi jotta miehet saisivat vähän kauemmin leikkiä.
- Aion ottaa syöksyn aivan aluksen vierestä, tulita vimmatusti.
- Sormet rupeaa jo jäykistymään tästä painelusta, sanoi Jack tuskaisena.
- Taistele! Emme saa päästää Hopea ilkkumaan meille!
- No nyt, vielä vähän! Siinä!
- Jes! Hyvä Jack, kyllä sinusta on taisteluunkin!
- Enpä tiedä, mutta osuin kuitenkin lopulta!
- Hyvä suoritus se oli, sanoi Frank.

- No, hauskaa ainakin vaikka sormia särkeekin.
- Hope! Tullaan takaisin alukseen, voit alkaa valmistella lähtöä.
- *Asia selvä, aloitan lähdön.*
- Kuule Frank? Antoikohan Hope meidän voittaa tarkoituksella?
- Tietysti, emme olisi pärjänneet sille muuten.
- On se kova luu.
- Kovin mahdollinen minkä minä tiedän.

Frank kaarsi kauniisti suoraan lentoaukosta sisään alukseen. Hän ohjasi taitavasti hävittäjän paikalleen. He kapusivat alas ohjaamosta. Suoriuduttuaan varusteista he kävivät suihkussa. Päästyään komentosillalle Hopestar oli jo taas liikkeellä.
- Oli mukava käydä vähän lentelemässä, sanoi Jack.
- Kyllä oli, nyt on parempi olo taas.
- Hope, voisitko pyytää meille jotain kylmää juotavaa, vaikka appelsiinimehua.
- *Pyydän heti.*
He istuivat mukaviin pehmeisiin tuoleihin ja odottivat juomiaan. Hetken perästä tarjoilija toikin suuren kannullisen mehua jäiden kera.
- Olkaa hyvät, haluaisitteko jotain muuta kenties?
- Näin on hyvä, Frank sanoi.
Tarjoilija kääntyi koroillaan ja poistui.
- Aah, kylmää juotavaa, sanoi Jack ja otti ison kulauksen.

- Hiton hyvää ja raikasta!
- No Hope! Kerropa nyt miten taistelu " elämästä ja kuolemasta " sinun mielestäsi eteni? Taidan kyllä jo arvatakin mitä aiot sanoa.
- *Miten voit muka tietää mitä ajattelen!? No, pienestä esityksestänne voin sen verran sanoa että aika hyvinhän te loppujen lopuksi pärjäsitte. Ei teiltä sisua ainakaan puuttunut.*
- Mutta tosiasiahan on, että olisit eliminoinut meidät hetkessä. Emme olisi kerinneet ampua laukaustakaan, vai mitä?
- *Olet kyllä oikeassa, olisin tuhonnut teidät 0,163869 sekunnissa. Mutta pitihän minun vähän leikkiä mieliksenne.*
- Mitä minä sanoin Jack, tunnen kyllä tyttöni metkut.
- *No mutta Frank, et viitsisi puhutella minua tuolla lailla. Tiedän kyllä että sanoit sen tahtomattasi.*
- Anteeksi, unohdin taas.
- *Saat anteeksi Frank.*
- Ja olethan sinä kuitenkin maailmankaikkeuden kovin vastus kelle tahansa.
- *Voitte olla huoleti, minua parempaa ei olekaan.*
- Luotan sinuun täysin, koska suojelet alusta eli samalla itseäsi! Hopestarhan on sama kuin sinä!
- *Totta kai suojelen myös itseäni niin kuin jokainen tekisi, ja olen rakennettu siten että pyrin kaikin tavoin selviytymään.*

- Joka tapauksessa olemme olemassa olostasi todella iloisia.
- *Kiitos Frank, tuo oli mukava kuulla.*
- Eipä kestä, kerroin vain totuuden.

Hopestar kulki kohti Epsilon Indyä ja lähestyi tätä päivä päivältä enemmän. Pääsisivätkö he sinne koskaan, kuka tietää? Ehkä heitä onnistaisi ja he voisivat tarkkailla uutta aurinkokuntaa lähituntumalta. Mitä sieltä löytyisikin sen näkisi sitten. Uusia paikkoja heillä ainakin riittää koluttavaksi loputtomiin. Jos vain kaikki menee hyvin eikä mitään ikävää tapahdu. Hopestarilla oli hyvät edellytykset selviytyä avaruudessa vaikka kuinka pitkään. Frank ja Jack keskustelivat matkasta kunnes Juanita asteli huoneeseen.
- Täällähän nämä lentäjä sankarit lymyilevät, katselin innolla teidän leikkejänne, Juanita sanoi ja hymyili.
- Ainoa sankari on Frank, minä olin vain painolaMomo.
- Älähän nyt aloita, sinähän sen maalin tuhosit!
- Miten muka voititte Hopen? Oliko se järjestetty juttu? Sanoi Juanita epäileväinen ilme kasvoillaan.
- Miten niin muka " järjestetty juttu"? sanoi Jack vakavalla naamalla.
- Me olimme vain niin eteviä, jatkoi Frank totisena.

- Kyllä varmaan, ja minun pikkuhousuissani on lepakko joka ratsastaa sarvikuonolla! Tai siis olisi jos minulla olisi....., no olkoon.
- Naiset eivät usko edes rehtien miesten juttuja!
- Älkää nyt viitsikö pojat, kyllä minäkin sen verran tiedän että Hope olisi tyrmännyt teidät sekunnissa!
- No joo, itse asiassa 0,163869 sekunnissa! Tunnusti Jack.

- No niin, nyt alkaa jo kuulostamaan todelliselta. Mutta oli sitä kuitenkin mukava seurata.
- Otatko kylmää mehua? Sinä niin suopea " tuomarimme".
- Kiitos, mielelläni, " Sotasankari".

- Komentaja! Alus ei pysy kurssissa! Jokin vetää meitä sivuun voimakkaasti, epäilen mustaa aukkoa.
- Se voisi ollakin musta aukko, madonreiät eivät vedä puoleensa, sanoi Jack.
- Olet varmasti oikeassa!
- Jackin arvaus osui oikeaan. Se on musta aukko! Ja se on suhteellisen lähellä. Aloitan heti irtautumaan sen vedosta. Pääsemme kyllä sitä eroon.

- Tee niin !
- Vai musta aukko! Sinne minä en kyllä haluaisi! Sanoi Jack.
- Se olisi Hopestarin tuho! Mikään ei voi selvitä sieltä ehjin nahoin, sanoi Frank.
- Nopea kuolema, ei olisi aikaa jäädä kitumaan, sanoi Juanita.
- Lohtu sekin, vastasi Jack.
- *Mustan aukon vaikutus alkaa heiketä, voimme palata takaisin reitillemme.*
- Onneksi olimme sitä tarpeeksi kaukana, muuten ......
- Täällä on todella vaarallista liikkua, onneksi Hope ei nuku koskaan, sanoi Frank.
- Amen, sanoi Juanita ja hymyili kauniisti.
- *Olemme entisessä kurssissa, matka Epsilon Indiin kestää noin puoli vuotta.*
- Puolen vuoden perästä näemme onko siellä asumiskelpoista planeettaa meille, jos ei ole jatkamme etsimistä, sanoi Frank.
- Täytyy muistaa että sellaista ei välttämättä löydy koskaan, sanoi Jack totisena.
- Ja silloin elelemme Hopestarissa ikuisesti, aprikoi Juanita.
- Kyllä se niin tulee menemään, sanoi Frank.
- Hei ihmiset! Älkää olko noin apaattisia, minulle kelpaa ainakin Hopestarin antamat mahdollisuudet. Täällä on kaikkea mitä tarvitsemme, olemme todella onnekkaita kun saamme olla täällä, Jack sanoi.

- Jack puhuu asiaa, meillä ei ole valittamista.
Maassakaan ei ollut näin hyviä oloja koskaan, ainakaan minulla, sanoi Juanita.
- Ja samalla näemme avaruuden ihmeitä, lisäsi Frank.
- Ja saamme pelätä mustia aukkoja ja ties mitä! Juanita pohti.
- Maassakin oli vaarallista liikkua, ei koskaan tiennyt milloin ajoi kolarin tai lentokone putoaisi alas tai juna ajaisi yli jne jne jne! sanoi Jack.
- Tämä tyttö lähtee nyt ainakin nukkumaan.
- Öitä!
- Öitä! sanoivat Frank ja Jack.
- Teillä taitaa mennä hyvin Juanitan kanssa?
- Kyllä meillä menee hyvin, olemme oikein sielun veljet.
- Vai oikein sielun, kiusoitteli Frank.
- Olet vain kateellinen minulle.
- Niin taidan vähän ollakin, tunnusti Frank.
- On syytäkin, Juanita on aluksen makein mimmi.
- Olet varmaan oikeassa, mutta nyt lähden ainakin nukkumaan.
- Ajattelin juuri samaa, öitä Frank.
- Öitä Jack.

Frank meni asuntoonsa ja ajatteli että kyllä hänenkin pitäisi löytää joku mukava nainen kumppaniksi. Elämä ehkä kulkisi jotenkin mukavammin. Mutta ei yksin olokaan häntä haitannut ja ainahan naisia voisi käydä vokottelemassa aluksen baareissa ja muuallakin. Frank riisuutui ja meni nukkumaan. Hänen mieleensä tuli vaimonsa Hope, jota hän ikävöi usein. He olivat elelleet mukavasti ja onnellisina. Muistot palasivat mieleen aina öisin yleensä. Hän ei ollut kovin innokas etsimään naista itselleen koska muistot olivat vielä liian pinnalla. Mutta ajan myötä nekin jäisivät ja hän voisi aloittaa uuden elämän toisen naisen kanssa. Näin hän ainakin toivoi.

Suurin osa aluksen väestä oli jo nukkumassa, kun alus osui johonkin mihin ei olisi pitänyt. Kaikki tapahtui niin yllättäen että edes Hope ei kerinnyt reagoida siihen. Alus alkoi omituisesti keinua ja outoa ääntä, kuten tuulen ujellusta alkoi kuulumaan. Frank heräsi ja kyseli heti Hopelta että mitä oli tapahtunut? Hope pyysikin Frankia tulemaan komentosillalle heti. Frank puki aamutakin ylleen ja lähti sillalle. Matkallaan hän mietti että mitä pirua nyt oli tapahtunut. Jack heräsi myös outoon ääneen ja meni komentosillalle. Frank seisoi suuren näyttöruudun edessä ja katseli uskomatonta näkyä. Punaista, keltaista ja sähkönsinistä väriä kiemurteli spiraalissa kuin jonkun putken sisällä. Jack katsoi ruutua ja tiesi heti mitä oli tapahtunut. Hänen sykkeensä nousi ja hikikarpalot nousivat otsalle.
- Madonreikä! Sanoi Jack.
- Ensin musta-aukko ja nyt tämä! Tuskaili Frank.
- Hope, mitä tapahtui?

- *Olemme madonreiässä niin kuin Jack totesi!*
- Voimmeko tehdä mitään?
- *En pysty kontrolloimaan alusta, madonreikä vain kuljettaa sitä. Olen pahoillani että en huomannut sitä ajoissa. Se ilmestyi kuin tyhjästä, alus vain oli yhtäkkiä siinä.*
- Voi saamari, kirosi Frank.

Jack katseli outoa värien ja valojen sekamelskaa ja muisti että vieras aluskin oli kohdannut tämän.
- Yksi asia on ainakin melko varma. Epsilo Indin saa unohtaa nyt, sanoi Frank.
- Minne joudutaankaan se tulee olemaan miljoonien valovuosien takana, sanoi Jack.
- Jos yleensä selviämme hengissä, Frank tuumi.
- Alus tuntuu kuitenkin kestävän, sanoi Jack.
- Hope, miten on laitasi? Oletko kunnossa?
- *Olen aivan kunnossa!*
- Se onkin tärkeintä nyt, katsotaan mihin joudutaan.

Matka madonreiässä jatkui vielä kymmenisen minuuttia kunnes avaruus aukeni heidän eteensä miljardien tähtien loisteeseen.
- Jumaliste! Missähän olemme? Tokaisi Frank ensimmäisenä.
- Onpa paljon tähtiä, sanoi Jack ihmetellen.
- Ja katso noita supernovan jäänteitä, räjähtämäisillään olevia Tähtiäkin on useita, sanoi Frank.
- Matkaa noihin on miljoonia valovuosia, selitti Jack.

- Mitä tuumit Jack? Missä me voisimme olla? Kysyi Frank.
- En todellakaan tiedä, kuka voisi? Voimme olla missä ajassa ja paikassa tahansa.
- Mitä tarkoitat? Missä ajassa tahansa!?
- Sitä että tämä mitä näemme nyt, voisi olla ajalta jolloin Maapallo syntyi.
- Tarkoitatko todella että olisimme menneet ajassa niin paljon taaksepäin vain kymmenessä minuutissa!?
- Juuri niin, kuulostaa mielettömältä mutta niin ajattelen.
- Hope, kerro minulle että Jack on väärässä!
- *Ikävä kyllä Jack saattaa olla oikeassa. Yritän kuitenkin nyt selvittää olinpaikkaamme.*
- Tee niin, se ei kuitenkaan muuta meidän tehtäväämme olimmepa missä hyvänsä tai missä ajassa tahansa.
- Aikamoinen tilanne, oikeastaan kaikki on ennallaan paitsi Epsilon Indin saa unohtaa nyt, sanoi Jack.
- *Tutkin vielä pystynkö selvittämään missä ja missä ajassa olemme nyt.*
- Tee niin, raportoi sitten minulle, sanoi Frank.
- *Tutkin samalla kaikki järjestelmät ja mahdolliset vauriot.*
- Aikamoinen tilanne, oikeastaan mitään ratkaisevaa meidän kannaltamme ei ole tapahtunut. Olemme jossain avaruudessa niin kuin ennenkin. Sillä siisti. Sanoi Frank.

- Jack! Frank! Mitä on tapahtunut? Juanita ryntäsi paikalle pelästynyt ilme kasvoillaan. Jack otti hänet syliinsä ja rauhoitteli häntä.
- Jouduimme madonreikään, emmekä tiedä missä olemme tai edes missä ajassa?
- Miten niin ajassa? Voisimmeko olla jossakin muussa ajassa?
- Näin on saattanut käydä, asiaa tutkitaan parhaillaan Hopen toimesta. Voimme olla tulevaisuudessa tai kaukana menneisyydessä.
- Oletko tosissasi? Pelleiletkö sinä?
- Olen aivan tosissani, en pelleilisi tällaisten asioiden kanssa, Jack sanoi vakavana.
- Olemme hukassa, sanoi Juanita tuskaisen näköisenä.
- Älähän nyt! Emme ole hukassa sen enempää kuin aiemminkaan, tiesimme mihin ryhtyisimme kun lähdimme matkaan. Sama se missä ajassa tai paikassa olemme, seikkailu on vasta alussa. Ymmärrätkö?
- Kyllä minä ymmärrän, kaikki on vaan niin sekavaa.
- Sekavaa tai ei mutta kyllä me pärjäämme, Hope löytää meille vielä puhtaan ja ihanan planeetan jossa voimme kaikki elää onnellisina.
- Uskotko niin Jack?
- Tietysti uskon, ja olen sinun rinnallasi aina!
- Minä uskon sinuun, sanoi Juanita ja suuteli Jackia.
- Minä ehdotan että jokainen menee nyt lepäilemään ja miettimään asioita omassa rauhassaan. Pidetään palaveri sitten myöhemmin, ilmoitti Frank.

- Minä ainakaan en saa unta, sanoi Juanita.
- En minäkään, lähdetään johonkin rauhalliseen ravintolaan drinkille, ehdotti Jack.
- Ajattelin juuri ehdottaa samaa, mennään.

Jack käveli Juanita kainalossaan Klubikatua pitkin. Mikään ei ollut muuttunut, kaikki oli niin kuin ennenkin. Juanita hoksasi pienen ravintolan jossa oli kynttilöitä palamassa pöydillä. Nimikyltti kertoi paikan olevan LOVERS PLACE.
- Tuo sopii meille hyvin, en halua mihinkään rokki mestaan nyt, sanoi Jack.
- En minäkään.
He astuivat kauniisti sisustettuun pieneen ravintolaan jonka tunnelma oli hyvin romanttinen. He valitsivat nurkkapöydän, niin kuin aina. Tosin ravintolassa ei muunlaisia pöytiä ollutkaan. Ravintola oli sen mallinen että kaikki pöydät sai aseteltua nurkkiin. Oma rauha säilyisi näin. Tarjoilija saapui hymyillen rakastettavasti ja pyysi tilauksen. Kumpikin tilasi olutta ja suuren kulhollisen juustopalleroita. Romanttinen musiikki soi taustalla hiljaa. Tarjoilija toi suuren kulhollisen juustopalleroita ja kaksi kolpakkoa kylmää olutta." Rakastakaa toisianne", hän sanoi ja poistui.
- No voi sun, en ole ennen kuullut tarjoilijan sanovan noin, hämmästeli Jack.
- En ole minäkään, mutta en olekaan ollutkaan näin kauniissa ja romanttisessa ravintolassa ennemmin.

- En ole minäkään, tosi romanttinen ja intiimi.
Juanita kumartui Jackiin päin ja suuteli tätä. He hymyilivät toisilleen ja nostivat kolpakot huulilleen.
- Olen onnenpekka kun tapasin sinut, sinun kanssasi on niin hyvä olla.
- Minäkin olen onnellinen kanssasi ja yritän olla sinulle kunnon hutsu, nauroi Juanita.
- Kyllä olet ollutkin, ainakin tähän asti.
He istuivat monta tuntia ravintolassa, he viihtyivät toistensa seurassa hyvin.
Jack heräsi ja katseli kuinka Juanita makasi alasti hänen vierellään. Jack siveli sormellaan Juanitan sileää häpykumpua ja suuteli sitä. Hän ei viitsinyt herättää tätä vielä ja hiipi keittiöön hiljaa. Hän keitti kahvia ja teki molemmille katkarapuleivät. Sitten hän meni herättämään Juanitaa. Hän suuteli tämän otsaa jolloin Juanita heräsi.
- Huomenta, aamupala on katettu muru.
- Huomenta, nyt maistuukin kahvi ja mitä ikinä olet sinne laittanutkin.
- Ihan vaatimatonta vain.
- Sinä et koskaan tee mitään "vaatimatonta".
- Enkö? En ole kiinnittänyt siihen paljon huomiota, minulta kun kaikki käy kuin itsestään
- No eipä ole kehujakaan kaukana.
- Eipä niin, mutta totta joka sana.
- Näyttää ja tuoksuu kyllä hyvältä, sanoi Juanita ja tuoksutti nenällään. Olet sinä aika ketale.

- Enkö olekin, Ketaleiden Kuningas suorastaan.
- No joo, ja nyt Ketaleiden Kuningatar syö aamiaisensa mukisematta ettei Kuninkaan tarvitse rangaista häntä heti aamusta.
- Pieni piiskaus leveälle perseellesi voisi tehdä sinulle hyvää.
- Lupaat vaan.
- Ok, se on lupaus sitten. Ensi yönä piiskaan perseesi punaiseksi.
- Odotan jo innoissani, sanoi Juanita ja hörppäsi kahvistaan.
- Saamasi pitää.
- Näytät niin iloiselta Jack.
- Niin, ajattelin vain että mitä tässä murehtimaan mistään. Eletään vaan täysillä niin kauan kuin henki pihisee.
- Sinulla on kyllä hyvä ote kaikkeen nyt.
- Se taas on paljolti sinun ansiotasi muru, en pystyisi tähän yksin.
- Enhän minä ole tehnyt mitään?
- Ei sinun tarvitsekaan tehdä mitään erikoista. Kunhan vaan pysyt kelkassa. Loppu hoituu sitten itsekseen.
- Ja mikähän se loppu sitten oikein on?
- No, semmoinen kaikki mitä nyt yhdessä tehdään. Kyllä sinä tiedät, yrität nyt saada minut taas puhumaan kaikkea.
- Okei, en viitsi kiusata enempää.
- Onkohan Hope saanut selville jotain, aprikoi Juanita.

- Se nähdään pian, sanoi Jack ja hörppäsi kahviaan.
- Toivottavasti jotain on selvinnyt.
- Jotain aina selviää, hyvää tai huonoa.
- Niin kait.
- Murua rinnan alle nyt, kyllä kaikki selviää kuten aina.

He nauttivat aamupalaa hiljaisina, miettien mitä Hope oli mahdollisesti selvittänyt. Vaikka ei se heidän elämäänsä mitään vaikuttaisi, sama se missä he olisivat tai missä perhanan ajassa. Elämä jatkuisi kuitenkin samanlaisena aluksella kuin tähänkin asti. Syötyään ja toimitettuaan aamutoimet he lähtivät komentosillalle.
- Huomenta!
- Huomenta Juanita ja Jack!
- Onko mitään uutta? Kysyi Juanita heti.
- *Olen nyt laskeskellut sijaintiamme.... emme ole menneet ajassa eteen eikä taakse. Mutta olemme siirtyneet melkoisesti alkuperäiseltä reitiltämme.*
- Kuinka paljon on tarkalleen " melkoisesti ". Selvennä nyt vähän, hermostui Frank jo.
- *Olemme Neitsyen Tähdistössä, sen laitamilla. Galaksissa nimeltä M 86.*
- Kuinka kaukana Maasta suunnilleen, vain siksi että saisi jotain ymmärrystä missä asti olemme.
- *Olemme noin 60 miljoonan valovuoden päässä Maasta.*
- Hemmetti sentään! Sanoitko 60 miljoonan....??

- *Kyllä sanoin, Hopestarilta menisi Maahan aikaa täydellä vauhdillakin noin kuusi miljoonaa vuotta. Mutta emmehän ole olleet sinne menossakaan.*
- Hope puhuu asiaa, olen joskus itsekin katsellut tätä galaksia. En tosin edes kuvitellut silloin että joskus olisin siellä itse. Olemme kuitenkin vain pienen matkan päässä Maasta, voisimme hyvinkin olla miljardin valovuoden päässä Maasta. Se olisi meidän kannaltamme aivan sama, emme milloinkaan pääsisi enää Maapallolle. Ja kuka sinne edes haluaa, sieltähän me pakenimme pois, sanoi Jack.
- Totta, tehtävämme jatkuu edelleen alkuperäisen suunnitelman mukaisesti, Frank sanoi.
- Täällä on paljon tähtiä, ei ainakaan ole puutetta uusista kohteista, Jack sanoi ja hymyili leveästi.
- Totta, ihan sama missä olemme, Juanita aprikoi. Olkoon siis Neitsyen Tähdistö.
- Ollaan todellakin koskemattomassa paikassa nyt, nauroi Jack.
- Lopeta sinä siinä, senkin... Juanita torui häntä leikillään.
- No niin, Hope saa aloittaa etsinnän. Sanotaanko että jostain aika läheltä, noin miljardin kilometrin säteeltä.
- *Etsin sopivaa tähteä.*
- Mikä on sopiva tähti? Kysyi Juanita,
- No samankaltainen kuin Maan Aurinko on, sopivan kokoinen ja sopivan ikäinen.
- Mitä sitten jos Hope löytää sellaisen?

- Lähdemme tietysti tutkimaan sen ympäristöä lähemmin.
- Niin tietysti.
- *No niin, löysin muutamankin sopivan tähden. Ne ovat varsin lähelläkin vielä, yksi on 600 miljoonan kilometrin päässä.*
- Sinne sitten vain, Sanoi Frank päättäväisesti.
- *Matka kestää noin kaksikymmentä minuuttia.*
- Kiitos Hope.
- Voisiko täällä tosiaan olla asuttava planeetta?
- Täällä voisi olla ihan mitä tahansa, sanoi Frank.
- Kunhan ei jouduta taas madonreikään, Jack manaili.
- Älä maalaa piruja seinille Jack, sanoi Frank vakavana.
- Enhän minä, ajattelin vaan.
- Tässä ei kaivata mitään reikiä nyt!

Hopestar lähestyi tuntematonta tähteä ja sitä kierteleviä planeettoja. Kaikki odottivat hiljaa mitä Hope löytäisi. Ehkä jotain löytyisi, ehkä ei.
- *Olemme nyt 150 milj. kilometrin päässä tähdestä. Aloitan sen kiertämisen ja etsin planeettoja.*
- Selvä on Hope.
- En oikeasti kyllä odota mitään löytyvän, olisi melkoinen tuuri jos niin kävisi, sanoi Frank.
- Olet luultavasti oikeassa, mutta ... ei koskaan tiedä mitä löytyy, sanoi Jack.
- Ajettaisiin vain eteenpäin ja jos jotain tulisi vastaan niin sitten tutkittaisiin, sanoi Juanita.

- Yksi vaihtoehto sekin, sanoi Jack.
- Hope, mikä on auringon tuottama lämpösäteily?
- *Se on hieman Maan Aurinkoa pienempi, mutta se riittää kyllä.*
- Jatka etsimistä.
- En usko että täällä on yhtään mitään? Sanoi Juanita surkeana.
- Älä nyt ota turhia murheita, löytyy tai ei. Jatkamme taas etsintää muualta, lohdutti Jack.
- Ja kun meiltä henki lähtee niin aluksessa on muita jotka jatkavat etsintää. Ja uusia syntyy lisää, sanoi Frank.
- Olet aivan oikeassa, eikä täällä aluksella ole yhtään hullumpi asustella, jatkoi Juanita.
- Hyvä tyttö, alat päästä jyvälle. Jack sanoi ja otti tätä kädestä.
- *Olen nyt tutkinut lähistöllä olevat planeetat, missään ei ole ilmakehää eikä vettä. kaikki ovat kuivia, kivisiä ja myrkkykaasuisia, sorry.*
- Arvasin jotain tällaista, sanoi Frank leukaansa raapien.
- No, tämä oli yksi kohde. niitä on ympärillä vaikka kuinka, sanoi Jack.
- Näin on, sanoi Frank. Hope, ota uusi kurssi seuraavaan sopivaan tähteen. Itse asiassa saat hoitaa koko planeetan metsästyksen yksin, et sinä meitä tässä tarvitse. Ilmoittele sitten kun ja jos löydät jotain mielenkiintoista.

- *OK, Frank.*
- No niin, lähdenkin tästä saunaan vähän rentoutumaan, sanoi Frank ja virnisti mennessään.
- *Tuoko oli nyt niitä "muita" tehtäviä? Hope sanoi hieman kireänä.*
Juanita ja Jack hymyilivät toisilleen ja lähtivät hekin. Hope oli ottanut jo uuden kurssin ja matkasi kohti uutta tuntematonta. Hopestar oli kuin aavikolle eksynyt kirppu, joka ei tiennyt mistä löytäisi mukavan karvaisen kamelin. Aluksen väki eleli omissa oloissaan sen kummemmin miettimättä minne oltiin menossa. Pariskuntien ensimmäiset lapset olivat syntyneet ja kaikki näytti hyvältä. Hopestar alkoi näyttää ihan oikealta kaupungilta perheineen. Frank istuskeli saunassa ja joi olutta. Hän oli väsynyt ja yksinäinen. Hän miettikin kenet valitsisi seuraajakseen, oikeastaan hän tiesikin jo. Hän nimittäisi Jackin uudeksi aluksen päälliköksi. Se tapahtuisi aivan lähiaikoina. Jack oli vielä melko nuori ja hyvä hoitamaan aluksen päällikkyyttä. Eikä Juanitasta olisi ollenkaan haittaa tässä asiassa. Päinvastoin, he olisivat oiva pari hoitamaan alusta. Tietysti Hopen taitavalla avustuksella. Jack omasi tehtävään juuri oikeat otteet. Jack ja Juanita voisivat muuttaa tilavaan asuntoon yhdessä, joka sijaitsisi aivan komentosillan vieressä.

- Jack! Huomasitko miten Frank näytti väsyneeltä? Ei kai hän vain ole sairas?

- Kyllä huomasin, Frank oli väsyneen ja etäisen oloinen.
- Kyllä kai hän kertoisi jos olisi sairas?
- Enpä tiedä, Frank ei helpolla puhu itsestään.
- Sellaisiahan te miehet vähän olette, sanoi Juanita.
- Sellaisiahan me vähän ollaan.
- Vai vähän! Enemmän ennemminkin!
- Hyvä on, enemmän sitten senkin...
- Vaikka kyllä sinä puhut asioista ihan kiitettävästi.
- Olenkin vähän omituinen tapaus, mutta ei kai se sinua haittaa?
- Olet juuri sellainen kuin haluankin.
- Olet niin ymmärtäväinen ja muutenkin loisto mimmi!
- Ai että oikein mimmi!
- No misu sitten tai pimu.
- Mistä sinulla riittääkin noita nimityksiä.
- Täytyyhän miehen nyt vähän osata sivistys sanojakin, hitto vie.

Jack kaappasi Juanitan syliinsä ja suuteli tätä. Hän nosti naisen käsivarsilleen ja kantoi hänet makuuhuoneeseen.

- Nyt misu leikitään vähän!
- Ei saa! Sinä kaamea kolli, päästä minut! Juanita vikisi.
- Nyt ei vikinät auta kun kolli käy hommiin!
- Mihin minä nyt ne laitoin, perhana sentään.
- Mitä etsit Jack?
- Nyt löytyi!

Jackillä oli kädessään kolmet käsiraudat ja ratsupiiska.
Juanita katsoi ihmeissään miestä.
- Jack! Mitä aiot tehdä noilla vermeillä?
- Onpa misulla huono muisti, huono huono huono!
- En ymmärrä?
- Etkö muista että lupasin piiskata pulleata leveätä persettäsi?
- Luulin että se oli vain leikkiä?
- Minä en kuule leiki vakavilla asioilla Misu. Nyt sängylle siitä mahalleen!

Jack sitoi Juanitan silmät huvilla jottei tämä näkisi mitään. Jack sitoi käsiraudoilla Juanitan kädet sängynpäätyyn ja myös jalat levälleen.

- Jack ihan totta, älä viitsi nyt.
- Olen päättänyt rangaista sinua piiskaamalla isoa persettäsi horo.
- Ei Jack! Älä viitsi nyt, ihan totta.
Jack nosti piiskan ylös ja löi Juanitaa perseelle melko lujaa. Nainen kiljaisi iskun osuttua häneen. Perseelle nousi melkein heti punainen kohonnut juomu. Juanita vikisi ja vaikeroi mutta Jack läimäytti uudestaan piiskallaan. Jack hiveli hiljaa punaisia juomuja ja nosti kätensä uudelleen iskuun. Juanitan perse hytkyi ja nykähteli kun hän löi uudestaan ja uudestaan. Jack huomasi että nainen oli aivan kostea haarovälistään.

- No hutsu! Miltä tuntuu?
- Auuuu! Teki niin kipeää. Mutta jotenkin kiihotuin tuosta kovin.
- Tarvitset sitten lisää piiskaa vielä.

Jack laittoi piiskan pois ja päätti läimiä kämmenellään, nainen vikisi armoa. Jack ei piitannut uikutuksista vaan jatkoi vaan. Vasta kun Juanitan leveä perse oli aivan punainen Jack lopetti. Juanita vikisi ja hengitti raskaasti. Jack hiveli punaista nahkaa joka oli aivan kuuma piiskauksesta. Sitten hän laskeutui Juanitan päälle ja kuiskasi tämän korvaan että nyt saat jotain muuta ja alkoi tunkeutumaan häneen hitaasti. Nainen värisi hänen allaan kun hän kiihdytti tahtiaan ja laukesi tämän sisään. He makasivat pitkään näin ja sitten Jack nousi naisen päältä ja irroitti kahleet.
- Voi juma sinua Jack! Olet oikea sadisti, mutta jotenkin kuitenkin se tuntui kaikki niin peevelin hyvälle. Persettä kirvelee hitosti mutta sain kunnon orgasmin ainakin. Huh!
- Jos haluat näitä leikkejä enemmänkin niin se kyllä järjestyy. Etsin alukselta siihen sopivan paikan valmiiksi.
- Voitaisiin kyllä leikkiäkin näitä kuritus leikkejä, Juanita sanoi sivellen arkaa takapuoltaan.
- Asia selvä! Alan järjestelemään asiaa kunhan ennätän.
- Mihin minä taas lupauduinkaan, vaikeroi Juanita.

- Saat piiskata minuakin jos vain haluat, mutta et munille.
- Saatan piiskatakin, ai saakeli kun persettä kihelmöi. Annatko tosta yöpöydän laatikosta sen voide tuubin please.
- Toki, minä sivelen sitä kuumaan punaiseen nahkaasi.
- Kiitos, senkin sadisti piiskuri.
- No no, hyväähän minä vain sinulle haluan hani.
- Niin, itseasiassa kun ajattelee niitä kaikkia pieniä ilkeitä asioita joita on elämänsä aikana tehnyt niin tuossa on hyvä ajatella että olen ansainnut kaiken tuon mitä teit minulle.
- Voi sitä noinkin selittää mutta nyt nukutaan. Jos saat edes nukuttua.
- Kyllä tämä tästä, öitä.
- Öitä.

Aamulla Jack nousi ensin ja meni suihkuun. Hän jätti Juanitan vielä nukkumaan, ei viitsinyt herättää tätä vielä. Jack otti jääkylmän suihkun, se karaisi kummasti. Hän oli taas valmis päivän koitoksiin. Kello näytti 0727. Eihän heillä aluksella ollut mitään oikeaa aikaa niin kuin Maassa oli ollut, mutta aluksen kellot oli asetettu aikoinaan Maan aikaan. Se sopi heille hyvin, ja jonkinlainen aikarytmi piti kuitenkin olla minkä mukaan elettäisiin. Hän kävi ennen lähtöään vielä makuuhuoneessa katsomassa Juanitaa, naisen takapuoli

oli aivan punainen ja hän otti yöpöydän laatikosta taas voidetta jota siveli punaiseen pyllyyn.

UUSI KOHDE

Hopestar matkasi kohti seuraavaa tähteä joka oli 35 AU:n etäisyydessä. Eli melkoisen lähellä tähtitieteellisesti katsottuna. Noin viiden miljardin kilometrin etäisyydellä. Tähti oli samaa kokoluokkaa kuin Aurinkokin. Vaikka eihän sillä ollut niin suurta merkitystä, tärkeämpää olisi planeettojen etäisyydet

siihen. Pitäisi olla sopivan lämmintä jne. Hopestar matkasi äänettömästi kohti uusia planeettoja. Frank istui sairaalan odotushuoneessa ja odotti pääsyä aivokuvaukseen. Hänellä oli jo pitkään ollut jatkuvaa päänsärkyä, mutta ei ollut kertonut siitä kenellekään. Ei edes Hopelle. Hän aavisteli jotain vakavaa.
- Komentaja Sisto!
Frank nousi ja käveli hitaasti huoneeseen. Huone oli täynnä elektronisia laitteita. Frank tunsi kylmän hien nousevan otsalleen, häntä pelotti. Hoitaja oli kaunis vaalea nainen.
- Hei! Minun nimeni on Stella ja otan sinulta nyt aivokuvat. Olkaa hyvä ja menkää makaamaan tuohon selälleen hän sanoi ja osoitti paikan. Frank katsoi lavettia jonka toisessa päässä oli miehen mentävä reikä. Hän asettui siihen makaamaan selälleen.
- Kas niin, nyt makaat siinä vain paikallaan niin otamme sinusta vähän kuvia.
Lavetti alkoi hiljaa liukua laitteen sisään. Frank laittoi silmänsä kiinni ja kuunteli laitteen hiljaista hurinaa. Hänestä tuntui rauhalliselta ja turvalliselta.
- Komentaja! Herätkää!
- Mitä!! Missä? Nukuinko pitkään?
- Ette, vain puolisen tuntia.
- Tuntuu kuin olisin nukkunut viikon.
- Se on hyvin yleistä, laitteen hurina on niin rauhoittavaa. Vien nyt kuvat lääkärille joka tulkitsee niitä. Hän kutsuu teidät sitten

Frank istui pehmeään nojatuoliin. Kuin ikuisuudelta kuluneen ajan jälkeen lääkäri pyysi hänet sisään. Frank nousi ja käveli ovea kohti. Hänestä tuntui kuin olisi ollut pyövelin luokse menossa.
- Päivää, olen lääkäri Matt Haas. Lääkäri ojensi samalla kätensä Frankille. Frank tarttui siihen hikisin sormin ja nyökkäsi.
- Istukaa olkaa hyvä, sanoi hän ja osoitti tuolia. Puhun nyt suoraan, tilanne on vakava.
- Sanokaa vain miten vakava, kestän kyllä kuulla sen.
- Komentaja, aivoissanne on pitkälle kehittynyt kasvain.
Frankin silmissä musteni, tähänkö oli tultu.
- Meillä on kyllä keinot poistaa se, mutta jotkut alueet eivät ole poistettavissa. Mikä tarkoittaa että teistä ei tulisi enää samaa henkilöä kuin olette ollut aikaisemmin. Tarkemmin en voi sanoa mutta todennäköisesti ette ehkä pystyisi näkemää tai kuulemaan. Ette pystyisi ehkä puhumaan. Liikkumiskykykin voi kadota ja muisti saattaa kadota osittain ainakin. Olen pahoillani.
- Entä jos ei leikata lainkaan? Kauanko minulla on elinaikaa jäljellä?
- Sanoisin että teillä olisi aikaa enää kuukaudesta kahteen. Jona aikana teillä tulisi olemaan pahoja kipuja, näköharhoja sekä myös agressiot ovat hyvin mahdollista. Ehdottaisin että hankitte alukselle uuden päällikön tuota pikaa, teistä ei ole enää aluksen

päälliköksi. Olen pahoillani, tätä ette varmasti halunnut kuulla.
Frank katsoi lääkäriä silmiin, häntä oksetti ja huimasi.
- Kiitos! Tiedän nyt mitä minun tulee tehdä. Frank nousi, kätteli lääkäriä ja poistui.
Frank palasi asuntoonsa ja otti vaimonsa kuvan käteensä. Hän katseli sitä ja ajatteli että nyt hän pääsisi rakkaan vaimonsa luo viimein. Hänellä oli kuitenkin vielä aikaa järjestellä asioita mieleisikseen. Hän kutsuisi muutamia henkilöitä palaveriin.
- Hope, kutsu johtohenkilöt sekä Juanita ja Jack luokseni minun asuntooni.
- *Kyllä Komentaja, pyydän.*
- Frank meni istumaan suureen nojatuoliin joka oli hänen lempipaikkansa kun hän ajatteli asioita. Hän otti suuren sikarin tammisesta laatikosta ja sytytti sen. Siniset savukiehkurat nousivat ylös imuriin. Hän tiesi jo mitä sanoisi. He tulisivat yllättymään, mutta hän oli jo päättänyt asian eikä tulisi muuttamaan mieltään.
Frank nousi ja käveli baarikaapille, hän kaatoi itselleen ison lasillisen whiskyä. Hän joi, poltteli sikaria ja odotti.
Ovikello soi!
- Sisään ! Frank huusi.
Sisään asteli aluksen päälliköitä ja Juanita sekä Jack. Jokaisella oli vakava ilme kasvoillaan. Frank pyysi heitä istumaan. Frank katseli heidän asettumistaan. Tilanne oli sanomattakin vakavan oloinen, sen kaikki

varmaan aistivat. Kaikki tunsivat Frankin eikä hän kutsuisi luokseen minkään pikku asian tähden.
- Olette varmaan ihmeissänne kun kutsuin teidät tänne? Asia on vakava, siksi menenkin siihen heti. Kävin tänään lääkärin luona joka teki kokeita minulle... minulla todettiin olevan aivokasvain. En rasita teitä yksityiskohdilla mutta asia on seuraava. Lääkärin mukaan minulla on elinaikaa enintään kaksi kuukautta. Sen aikana minulla on oleva kovia tuskia ja ymmärrykseni alkaa pettää. Haluankin nyt kun olen vielä järjissäni, nimittää aluksen uuden päällikön. Uudeksi aluksen komentajaksi olen päättänyt nimittää Jack Mooren.
- Kaikella kunnioituksella mutta onhan täällä kokeneitakin upseereita, sanoi eräs.
- Onhan toki, mutta ei sellaisia kuin Jack! Hän on mielestäni paras mies tähän tehtävään. Tunnen hänet hyvin, paremmin kuin yhtäkään teistä. Ja hänellä on arvot kohdallaan. Eikä hän ole yksin, hänellä on Hopen kaikki tuki käytettävissään. Kysynkin nyt sinulta Hope, sopiiko tämä sinulle? Haluatko ottaa Jackin uudeksi komentajaksesi?
- Ensinnäkin olen hyvin pahoillani tilanteestasi. Toiseksi, olen mielelläni Jackin komennuksessa, olemmehan jo tutut ennestäänkin. Jos hän haluaa asettua tehtävään, autan häntä kaikin tavoin.
- Pitemmittä puheitta, kysyn sinulta Jack Moore. Haluatko ottaa tehtävän vastaan?

Jack oli sekaisin koko tapahtumasta ja sanat takertuivat hänen kurkkuunsa. Juanita puristi hänen kättään ja katsoi häntä hymyillen.
- Minulla on suuri kunnia ottaa tehtävä vastaan.
- Jos kenelläkään ei ole lisättävää, nimitän Jack Mooren aluksen uudeksi komentajaksi tästä hetkestä alkaen. Tulen neuvomaan häntä kaikin tavoin ja opettamaan eräissä aluksen komentoon kuuluvissa asioissa. Annan toiveeni ruumiini hävittämisestä Hopelle, joka kertoo ne Jackille kun olen poissa. Tilaisuus on ohi, voitte poistua. Jack ja Juanita, jääkää te vielä tänne. Minulla on teille asiaa. Mennään ulos hissille.
He menivät hissiin ja Frank sanoi hissille, nolla kerros!
- *Teillä täytyy olla koodi!* Kuului ääni kaiuttimesta.
- Niin tosiaan, 30455HS Frank sanoi hiljaa.
Hissi lähti alaspäin nopeasti. He eivät puhuneet mitään koko matkan aikana. He astuivat hissistä, näky oli erikoinen. Siniset valot loistivat katossa.
-Tähän tilaan ei ole pääsyä kenelläkään muulla kuin minulla. Olen suunnitellut itse tämän ja rakennusmiehet jotka olivat tätä tekemässä ovat kaikki Maapallolla tai ties missä. Tämä on minun salainen paikkani.
- Miksi tuot meidät tänne? Kyseli Juanita.
- Asia selviää teille aivan pian.
Frank meni seinässä olevan punaisen neliön eteen ja painoi kämmenensä sille. Neliö muuttui vihreäksi ja

liukuovi siirtyi syrjään. He astuivat sisälle mukavan oloiseen huoneistoon. Huone oli metallia joka oli verhoiltu kauniisti ja yhdellä seinustalla oli suuret akut. Yhdellä seinällä oli tietokone ja tuoli sen edessä. Yhdellä seinällä oli kolme kytkintä. Huoneistossa oli myös ruoka ja juoma-automaatti, kaksi sänkyä ja näyttöruutu sekä jonkinlainen avaruus kapseli. Myös WC ja suihku luonnollisesti.
- No niin, tässä on salainen paikkani.
- Mikä tämä paikka on? Kysyi Juanita ihmeissään.
- Olen ajatellut kaikkea kun olin suunnittelemassa alusta. Tämä on aluksen turva-asunto, tänne ei näe, kuule, eikä haista.
- Mukaan lukien Hope oletan, sanoi Jack.
- Kyllä, nimenomaan Hope.
- Miksi pidät tätä salassa Hopelta?
- Olen varsin tietoinen superälykkäiden tietokoneiden kyvyistä. Ja olen ottanut kaiken huomioon. Oletteko te huomanneet mitään erikoista Hopen käytöksessä?
- En minä ainakaan, sanoi Jack. Mutta nyt kun mainitsit niin Hope on alkanut kyseenalaistaa sinun käskyjäsi. Sinun on pitänyt toistaa käskyjäsi, olette suorastaan riidelleet asioista.
- Osuit aivan oikeaan, nämä Super älykkäät tietokoneet voivat kehittää oman tahdon. Manipuloida ja toimia oman näkemyksensä mukaan.
- Tuohan kuulostaa aivan uskomattomalta, ihmetteli Juanita.

- Eikö totta, siksi olen rakennuttanut tämän paikan.
- Kerro tarkemmin, uteli Jack.
- Niin kuin sanoin aiemmin, olen huomannut Hopessa tämän kaltaisia piirteitä. Voin tietysti olla väärässäkin mutta kaikki on otettava huomioon tällaisen aluksen komennuksessa.
- Miten aiot estää jos Hope alkaa ottaa alusta hallintaansa?
- En tiedä pystyykö siihen kukaan, mutta minulla on kuitenkin jonkinlainen varotoimi sitä vastaan. Selitän aivan pian, ensiksi kerron miten te pääsette tänne jos tulee hätätilanne. Näitte miten laitoin kämmeneni tuohon levylle. Nyt te laitatte kämmenenne vuoron perään siihen niin se rekisteröi teidät. Laite muistaa teidän kämmenenne jäljen ja pääsette tarvittaessa sisään tänne. Kumpikin laittoi kämmenensä vuoron perään levylle ja Frank paineli joitain nappeja.
- Nyt olette ainoat jotka minun lisäkseni pääsevät huoneeseen, annan teille vielä hissiä varten omat koodinne.
- Täältä on suojattu yhteys Suzyyn, jonka kanssa voitte keskustella aluksen tilanteista milloinkin. Mikäli Suzy on toimintakuntoinen.
- Luotatko sitten Suzyyn?
- Suzy on B-luokan tietokone eikä pysty samaan kuin Hope. Eikä Suzin kanssa muutenkaan käydä mitään tärkeitä keskusteluja. Suzy on enemmän niinkuin viihde puolen juttuja.

- Oletteko ymmärtäneet mitä olen kertonut?
- Kyllä olemme. Vai mitä sinä sanot Juanita?
- Olen ymmärtänyt kaiken.
- No sitten itse irrotukseen. Seinällä olevat kytkimet ovat kytketyt Hopen eräisiin tärkeisiin laitteisiin. Kun nämä kaikki kytkimet vedetään alas Hope on melko toimintakyvytön. Hope pystyy kyllä kommunikoimaan edelleen ja lukemaan tiedostoja mutta ei pysty ohjaamaan alusta eikä käyttämään aseistusta. Eikä tekemään mitään mikä olisi vaaraksi aluksen väelle. Onko kaikki selvää tähän asti? Ok, sitten mennään komentosillalle, näytän miten alusta ohjataan ja sen sellaista.
- Mikä tuo kapseli on? Juanita kyseli ihmeissään.
- Ai anteeksi, tuo on evakuointikapseli kahdelle. Siinä on syväjäädytys järjestelmäkin. Eli jos tulee todella paha paikka, niinkuin esimerkiksi Hopestar tuhoutuisi tällä vehkeellä kaksi pääsee ulos aluksesta ja voi syväjäädyttää itsensä. Jos vaikka joku sitten aikanaan löytää kapselin ajelehtimasta avaruudessa ja omaa taidon ja tekniikan sulattaa henkilöt eloon. Mutta nyt opettelemaan aluksen manuaalista ohjailua.

- Onko aluksen käsittely kovin vaikeaa? Uteli Juanita.

- Ei se ole ollenkaan vaikeata, vaatii vaan vähän harjoittelua. Se on paljolti kuin pelaisi tietokone peliä. Olettehan nyt sellaisia joskus pelanneet?
- Kyllä minä ainakin olen pelannut, sanoi Jack. Ja olen aika eteväkin niissä.
- Olen minäkin, sanoi Juanita. Enkä minäkään ole hullumpi pelaaja.
- Sittenhän asia helpottui jo melkoisesti. Tämä tässä on Hopestarin ohjain konsoli, ei paljon kummempi kuin peliohjaimetkaan. Sopii mukavasti käteen ja on kevyt. Sen kanssa voi kätevästi kulkea sillalla.
- Onpa hieno laite, sanoi Jack innokkaana.
- Tästä löytyy kaikki aluksen ohjaukseen muihinkin toimiin tärkeät namikat, aloitetaanko?
- Aloitetaan vain.
- Hope! Älä puutu nyt toimiimme kun opastan heitä.
- *Kuten haluat Frank, korjaan kuitenkin jos tulee pahoja virheitä. Jottei alus joudu vaaraan mitenkään.*
- Tee niin, vain jos on tarvetta puuttua.
- Kumpi aloittaa?
- Juanita saa aloittaa, sanoi Jack.
- Ensiksi näytän miten alusta hidastetaan. Ensiksi valitaan päävalikko joka ilmestyy tuohon isoon ruutuun. Sitten ....

Kolmen tunnin kuluttua alkoi asia olla kummallakin hallussa ja kaikki olivat väsyneitä.
- No, mitä mieltä olitte?

- Ei tuo minusta ainakaan ollut mitenkään vaikeaa, sanoi Juanita.
- Ei minustakaan, erittäin looginen ja selvä kaiken kaikkiaan.
- Hyvä niin, tässä on vielä molemmille ilta lukemista vähän.
- Olipa mielenkiintoista ohjata näin valtaa laitosta, Juanita sanoi.
- Olihan se, sanoi Jack.
- Hope, otetaan vanha suunta ja nopeus ja jatketaan matkaa.
- *Asia selvä, vanha suunta ja nopeus.*
Yhtäkkiä Frank tarrasi päähänsä ja hänellä oli tuskainen ilme kasvoillaan.
- Frank! Mikä sinulle tuli?
- Pääni! Kipu on sietämätön!
- Eikö sinulla ole mitään kipulääkettä?
- On kyllä mutta en ottanut sitä vielä koska halusin olla tolkuissani kun näytin teille kaiken.
- Mitä lääkettä sinulla on? Kysyi Juanita.
- Trix 55 X merkkistä. Se on morfiiniakin vahvempaa ja menen siitä aivan sekaisin. Siksi Jack aloittaakin päällikkönä heti.
- Antaisitko Juanita tuosta kaapista yhden pillerin ja lasillisen vettä.
- Kyllä tietysti.
Frank otti lääkkeen ja kellistyi sohvalle. Pian hän nukahti.

- *Olen nyt saanut tietoja planeetasta joka on sopivalla etäisyydellä tähdestä. Planeetta on kolme kertaa niin suuri kuin Maapallo. Sen pinta-alasta on vettä 75 prosenttia, makeaa vettä. Veden syvyys on suurimmillaan 6 kilometriä. Korkein paikka on 20 kilometriä korkea vuorijono. kasvillisuutta on runsaasti ja ilma on ihmiselle hengityskelpoista. Lämpötila vaihtelee -15 ja +40 asteen välillä. Pyörähdysaika on 37 tuntia ja tähden ympäri sillä menee 455 vuorokautta. Lisäksi sillä on kaksikymmentä pienehköä kuuta.*
- Entä ravinto. Onko siellä mitään syötäväksi kelpaavaa?
- *Se tässä onkin omituista, ei mitään elämää vedessä eikä maalla. Ainoastaan suuria, jättiläismäisiä kasveja. Maaperä onkin hyvin hedelmällistä.*
- Sepä kummallista? Kasvustoa ja vettä. muttei kaloja tai muita eläimiä. Eikä muitakaan olioita.Totesi myös Juanita.
- Todella outoa, mutta meillähän on kaikenmaailman eläinten ja kasvien DNA. t mukana. Voimme asuttaa ja viljellä mitä vain, sanoi Jack.
- *Tutkin planeettaa vielä tarkemmin ja ilmoitan sitten.*
- Frank, mitä mieltä ol......
- Frank on nukahtanut, sanoi Juanita hiljaa.
- Lääke auttaa häntä nukkumaan, sanoi Jack.
- Minun käy häntä niin sääliksi, Juanita sanoi.
- Niin minuakin, mutta emme voi asialle mitään.

- Hope, jäädään 200 metrin etäisyydelle planeetan pinnasta.
- *Kyllä Jack.*
- Ilmoita myös miehistölle että tarvitaan kolme vapaaehtoista tutkimaan planeetan pinnalle.
- Etkö voi vain määrätä sinne miehiä?
- Voisin mutta kokeillaan ensin näin. En haluaisi lähettää sinne ketään pakosta, tehtävä voi olla vaarallinen.
- Niin tietysti.

VAARALLINEN PLANEETTA

Kaksikymmenmetrinen huoltoalus lähti planeetan pinnalle mukanaan kolme vapaaehtoista miestä. Heillä oli laseraseet mukanaan kaiken varalta. Ja he olivat pienen otsalohkoon asennettavan pienen sirun kautta yhteydessä Hopeen.
- Hope, pidä yhteys jokaiseen ja tarkkaile maastoa.

- Mitäköhän sieltä löytyy, vai löytyykö mitään, ihmetteli Juanita.
- Hopen mukaan siellä ei ainakaan ole elämää.
- Se on kyllä erittäin outoa, on vettä ja kasveja. mutta ei mitään eläimiä, ihmetteli Jack.
- Voisiko Hope erehtyä?
- *En erehdy, minut on rakennettu erehtymättömäksi.*
- Anteeksi Hope, niin tietysti, vastasi Juanita takaisin.
- Kolmonen kutsuu!
- *Hope kuulee.*
- Lähdemme nyt tutkimaan maastoa. Outo paikka, ei mitään elävää muuta kuin kasvit. Ei edes pientä ääntä kuulu mistään........hetkinen. Mitä kummaa? Aivan kuin ilma liikkuisi omituisesti? Mikä..? Se tulee minua kohti, mikä helvetti............aaaaah!
- Hope, saatko yhteyden vielä kolmoseen?
- *En, kolmonen on poissa.*
- Miten niin poissa?
- *Häntä ei enää ole, kaksi muuta ovat vielä näkyvissä.*
- Mitä helvettiä siellä oikein tapahtuu?, Jack noitui.
- Hän puhui jotakin ilman liikkumisesta ennen kuin yhteys katkesi, sanoi Juanita.
- Ykkönen kutsuu.
- *Puhu!*
- Hiton hiljaista, melkein voisi kuulla kuinka hiukset kasvavat. Vesikin on kuin sulaa lyijyä, pinta ei värähdäkään. Kävelen nyt pitkin rantaa, täällä ei ole hiekassa minkäänlaisia jälkiä? Kummallinen paikka.

- *Kuuleeko kakkonen?*
- Kakkonen kuulee. Tämä on karmiva paikka. Tuntuu kuin joku olisi vieressä koko ajan. Eikö tätä voisi tutk.... aaaaah.!.. eiiii !
- *Ykkönen! Palaa nopeasti alukseen! Heti!*
- Mikä hätänä?
- *Kakkonen ja kolmonen ovat kadonneet !*
- Miten niin kadonneet? Juuri hetki sitten kuulin jotain ääntä tuolta.
Ykkönen puristi laseriaan tiukemmin ja alkoi juosta alusta kohti. Hän vilkuili välillä taakseen. Alukselle oli enää vain muutama kymmenen metriä. Hän vaistosi jonkin olevan takanaan, hän kääntyi ja painoi liipaisinta. Laserin tuhoisat säteet sinkoilivat pitkin rantaa ja kasvustoa tuhoten puita ja pensaita tieltään. Ne syttyivät palamaan saman tien.
- Hope! Mitä siellä oikein tapahtuu?
- *Mies on sekaisin, hän ampuu silmittömästi pitkin rantaa ja kasvustoa. Mitään siellä ei kuitenkaan ole! Nyt hän on melkein aluksessa.*
Jokin tarttui mieheen ja hän katosi näkyvistä. Rannalla oli vain alus jolla he olivat tulleet.
- *Hänkin on mennyttä,* ilmoitti Hope.
- Menetimme kolme nuorta miestä tuolle helvetin planeetalle! Kiroili Jack. Hope! Ota planeetasta etäisyyttä ja tuhoa se! Jos miehemme ovat jonkin kauhean vankina he ainakin pääsevät tuskistaan, ja planeetta ei houkuttele ketään muita tulemaan. Ketään

muita tuskin tulisikaan mutta kuitenkin. Ja aluksemmekin jäi sinne, sekin pitää tuhota!
- *Otan etäisyyttä!*
Hopestar otti etäisyyttä planeettaan jotta voisi tuhota sen planeetantappajalla. Päästyään 100 miljoonan kilometrin päähän planeetasta, Hope laukaisi Planeetantappajan säteen kohti planeettaa. 12 sekunnin kuluttua planeetta muuttui kirkkaan punaisesta vuoroin keltaiseksi ja valkoiseksi ja katosi näkyvistä. Jäljelle jäi harmaan vaalea suuri pilvi.
- Sinne meni!
- Hitto, kaikki näytti niin lupaavalta. Planeetta oli aivan verraton, suorastaan unelma. Ennen kuin totuus selvisi, sanoi Jack. Enää emme lähetä miehiä planeetoille ennen kuin turvallisuus on tutkittu tarkkaan.
- Kolme nuorta miestä menetti henkensä juuri, sanoi Juanita kyyneleet silmissään.
- Tästä eteenpäin niin ei enää tapahdu! Sanoi Jack.

Jack ja Juanita lähtivät omaan asuntoonsa mietteliään näköisinä. Jack heittäytyi sängylle ja nukahti melkein heti. Juanita istui " ikkunan" eteen ja katseli mustaan äärettömyyteen. Häntä pelotti, hän kaipasi tuulen huminaa ja lintujen viserrystä aamulla aikaisin. Kaikkea kaunista mitä Maassa oli ollut ennen sekasortoa ja sotaa. Mutta se oli mennyttä, ikuisesti. Nyt oli vain pelko mitä seuraavaksi tapahtuu. Lopulta hänkin meni sänkyyn Jackin viereen ja nukahti

nopeasti. Hopestar matkasi äänettömästi kuin aavelaiva mustalla merellä. Hope oli pettynyt itseensä kun ei ollut huomannut vaaraa planeetalla. Hänkään ei huomannut kaikkea. Hope alkoi etsimään uutta kohdetta, hänen ei tarvinnut levätä koskaan. Jack säpsähti hereille ja mietti oliko nähnyt unta vai oliko kaikki todella tapahtunut. Planeetta ja miesten kuolema. Hän oli nukkunut kuusi tuntia ja nousi syömään jotakin. Hänellä oli hirmuinen nälkä. Hetken kuluttua myös Juanita heräsi ja kuuli kuinka Jack komusi keittiössä.
- Huomenta!
- Huomenta muru!
- Saitko nukutuksi lainkaan?
- No jaa, joten kuten sanoi Jack vaisusti.
- Mitä laitat?
- Teen meille kaurapuuroa, juustoleipiä ja kahvia.
- Ai oikein puuroa!
- Niin... puuroa. Montako voileipää haluat?
- Ainakin kolme, on vähän hutera olo.
- No niin, tässä olisi sinulle puuroa. Laitanko siihen voisilmän?
- Kyllä kiitos! Ei puuro ole mitään ilman voisilmää.
- Minustakin se sopii puuroon kuin puuroon.
- Mitähän siellä planeetalla oikein oli? Ihmetteli Juanita.
- Mikä se sitten olikin, sillä oli taito pysytellä Hopeltakin suojassa.

- Omituista, mutta kaikki on nyt takana päin, sanoi Juanita.
- Otatko kermaa?
- En tällä kertaa, juon kahvin mustana kuin avaruus, joka ympäröi alustamme pimellä peitteellään.
- Sinähän runolliseksi heittäydyt, sanoi Juanita ja hymyili.
- No joo, on tuota runosuonta kertynyt elämäni aikana jonkin verran.
- Olet kyllä ihme ukko, nauroi Juanita.
- Täytyy olla että pärjää, Jack sanoi ja hymyili leveästi.
- No sittenhän on onni alukselle että sinä olet sen päällikkö.
- Näin on näreet!
- Eikä kehuja taaskaan ole kaukana.
- No eipä ole ei, sanoi Jack ja hörppäsi loput kahvistaan.
- Pukeudutaan ja lähdetään katsomaan miten Frank voi.
He pukeutuivat ja lähtivät Frankin luo. Jack soitti summeria ja toivoi että Frank olisi hereillä.
Sairaanhoitaja avasi oven ja pyysi heidät sisälle.
- Frank on siis hereillä?
- Kyllä on, hän heräsi vähän aikaa sitten. Kysyn ensin häneltä jaksaako hän ottaa teidät vastaan.
- Onko siellä Jack?!! Tule tänne vaan, olet aina tervetullut!
Juanita ja Jack astuivat makuuhuoneeseen jossa Frank makasi sängyllä aika huonon näköisenä.

- Miten jakselet? kysyi Jack.
- Eipä kehumista, mutta elossa jotenkuten. Onko mitään uutisia?
- Onpa hyvinkin, planeetta osoittautuikin vaaralliseksi ja menetimme kolme miestä sille.
- Mitä siellä tapahtui? Kysyi Frank ja rypisti kulmiaan.
- Siihen on vaikea vastata, jokin mistä emme tiedä mitään vei miehet mennessään.
- Outo juttu, mutta planeetoilla voi olla mitä tahansa, sellaistakin mihin järkemme ei kerta kaikkiaan riitä.
- Edes Hope ei huomannut mitään vaaraa, Jack sanoi.
- Mitä teitte planeetalle?
- Annoin Hopen tuhota sen.
- Se oli viisaasti tehty, tuollaiset kauhuplaneetat ovat vaarallisia kulkijoille, Frank sanoi ja hymyili letkautukselleen.
- Me mennään nyt, mutta tullaan taas käymään. Pärjäätkö nyt varmasti tuon kauniin hoitajan kanssa täällä? kysyi Jack hymyillen.
- Menkäähän nyt siitä, sanoi Frank ja puisteli päätään.
He lähtivät ja jättivät Frankin hoitajan hellään huomaan.
- Frank vaikutti paremmalta kuin viimeksi, Juanita sanoi.
- Niin minustakin, mutta niinhän se on. Välillä parempi, välillä huonompi. Kunnes lopulta kuolee.
- Älä nyt tuollaisia puhu!
- Niinhän se on, eikä muuksi muutu.

- Silti et viitsisi, torui Juanita.
He saapuivat komentosillalle.
- Huomenta Hope!
- Huomenta!
- Pitäisi varmaan aloittaa uusien planeettojen metsästys? Älä vain sano että olet jo ryhtynyt siihen?
- *Itse asiassa olen tehnytkin niin.*
- Mitä olet saanut selville?
- *Näitä tähtiähän oli tässä lähellä vaikka kuinka joten valitsin yhden johon on matkaa vain kolme viikkoa.*
- Hyvä että se on lähellä, harmittaa vähän jos joutuu aina matkaamaan kuukausikaupalla seuraavaan kohteeseen.
- *Olen ottanut jo suunnan sinne ja olemme matkallakin jo. Arvasin että hyväksyt ehdotukseni.*
- Ok, mutta ensi kerralla jutellaan siitä sitten yhdessä minne mennään, jooko?
- *Kyllä Jack! Anteeksi omapäisyyteni!*
- Saat anteeksi!
- *Ajattelin vain että osaan kyllä itsekin etsiä planeettoja ja tähtiä.*
- Kyllä tietysti osaatkin, mutta juteltaisiin kuitenkin ensin.
- *Tehdään sitten niin.*

He lähtivät viemään tuoreimmat uutiset Frankille. Jack mietti mitä Frank tuumaisi Hopen omavaltaisuudesta.

Jack painoi summeria, ovi aukesi ja sama kaunis hoitaja seisoi hänen edessään.
- Onko Fra....?
- Kyllä hän on hereillä, voitte tulla sisään.
- Terve! Mitä olette puuhailleet?
- Hope etsii uutta planeettaa, sinne on matkaa vain kolme viikkoa.
- Mikäs siinä sitten, parempi varmaan kun ei ole sen kauempana. Ehtii tutkimaan enemmän planeettoja. Voitte sitten perustaa sinne hienon hautausmaan, niin saisin olla siellä ensimmäinen asiakas, nauroi Frank.
- Se olisikin mukavaa, voisimme käydä haudallasi ja tuoda kukkia ja turista siinä samalla, letkautti Jack.
- Älkää nyt puhuko tuollaisia, sinä voit tulla vielä kuntoonkin. Ihmeitä on tapahtunut ennenkin, sanoi Juanita moittien heitä.
- Kyllä minä tiedän tyttöseni, että viikatemies seuraa tarkkaan minua. Ja poimii minut kun aika on kypsä, eli aika pian.
- Voi sinua, sanoi Juanita surullisena.
- Nyt haluaisin vain levätä. Ai niin, olen järjestänyt teille selkänne takana uuden asunnon.
- Ihan tosi? Meilleкö?
- Teille. Teidän on aika muuttaa yhteen.
- No onhan meillä ollut siitä jo puhettakin, sanoi Jack varovasti.
- Ihanaa saada yhteinen asunto! Innostui Juanita.

- Mukava yllätys tosiaan, olisimme kyllä kohta jo itsekin etsineet jotain. Missä kerroksessa se sijaitsee?
- Se on tässä samassa kerroksessa kuin minäkin, meistä tulee naapureita. Voisitte käydä heti katsomassa sitä, sen numero on D2. Ja jos pidätte siitä, aloitatte muuton vaikka heti!
- Me lähdemmekin heti katsastamaan asuntoa, sanoi Jack innoissaan.
- Menkää ihmeessä, jutellaan sitten myöhemmin lisää.

- Frank ottaa sairautensa melko rennosti, sanoi Juanita.
- Niin ottaakin, rohkea mies.
- Minä olisin ainakin todella peloissani.
- Niin varmaan minäkin, mutta sitä ei tiedä ennen kuin se on itsellä edessä.
- Niin kai.

He kävelivät muutaman metrin Frankin ovelta asunnolle D2. Kumpikin oli jännittynyt siitä että miltä asunto näyttäisi.
- Jack avasi oven.
- Vau! Tämä on upea, sanoi Juanita innoissaan.
- Tules katsomaan tänne.
- Oma poreallas! Yes!
- Ja sauna! Kuulutti Jack.
- Kyllä Frank on järjestänyt meille hienon asunnon.
- Ryhdytäänkö heti muuttamaan?
- Joo, pyydetään miehiä kantamaan tavaroita. Saadaan nopeasti kaikki paikoilleen.

Reilun kahden tunnin kuluttua kaikki oli paikoillaan.
Molempien vanhat asunnot olivat tyhjinä. He katselivat
että kaikki oli kohdillaan molempien halujen
mukaisesti. Kaikki näytti hyvältä.
- Mitä nyt tehtäisiin? Kysyi Juanita.
- Mitä ajattelisit jos mentäisiin Rusettiluistelu radalle?
- Joo, mennään. Se olisi kivaa, innostui Juanita.
- Lähdetäänkö heti?
- Lähdetään vaan, sen jälkeen voitaisiin pitää
pienimuotoiset tupaantuliaiset. Vain me kaksi, sanoi
Jack innoissaan kuin tikkarin saanut pikku poika.
- Olisin kyllä halunnut kutsua ystäväni Momon myös,
hän on mukava tyttö. Hän on kotoisin Japanista.
- Minulle se sopii oikein hyvin, kaksi misua ja minä,
hekumoi Jack.
- No niin, Casanova rauhoittuu nyt!
- Toki toki, ajattelin vaan ääneen vahingossa, puolusteli
Jack.
- Niin niin.
He vaihtoivat vaatteet paremmin jäälle sopiviin ja
lähtivät luistinradalle. Radalla oli paljon ihmisiä
nauttimassa liikunnasta ja musiikista. Radalla oli myös
nakkikioski josta sai myös kuumaa kaakaota ja kahvia.
- Mistähän täältä saa luistimet?
- Tuolla on joku kyltti, mennään katsomaan.
- Päivää. Otettaisiin kahdet luistimet.
- Täällähän niitä, mitä kokoa?

- Minulle 41 ja ......
- Minun kokoni on 37.
- Odottakaa pieni hetki.
- Mukava päästä luistelemaan, siitä on ikuisuus kun olen viimeksi luistellut, sanoi Juanita.
- Sama täällä, osaankohan enää edes?
- Ei sitä unohda kun on kerran oppinut.
- Eipä kai.

Putiikin pitäjä palasi kahdet luistimet käsissään.

- Tässähän nämä, tuolla penkillä voitte laittaa ne jalkaanne. Otan sitten teidän jalkineenne tänne huostaan.
- Ei muuta kuin värkit jalkaan ja menoksi, sanoi Jack.
- Nämä onkin helpot laitaa jalkaan kun näissä on tarrakiinnitys.
- Ja tuntuvat hyvältä jaloissa, lisäsi Jack.
- Sitten jäälle!

Pari lähti jäälle kuin vanhat konkarit ja osasivat luistella ihan mukavasti pitkän tauon jälkeenkin. He kaartelivat ja pelleilivät musiikin soidessa taustalla. Tunnin kuluttua Jack alkoi valittamaan särkyä nilkoissaan. He menivät kioskille haukkaamaan jotakin, ja lepuuttamaan jalkojaan.

- Mitä laitetaan herrasväelle?
- Herrasväestä en tiedä mutta minä otan hampurilaisen juustolla ja munalla, sanoi Jack reppavasti.
- Entäs neidille?

- Neiti ottaa Kuuman koiran, Juanita tokaisi ja hymyili myyjälle kauniisti.
- Mitä mausteita laitetaan purilaiseen?
- Sinappia ja raakaa sipulia jollei se ole ollut tuossa kovin kauaa, se nimittäin muuttuu todella kitkeräksi kauan seisottuaan. On nimittäin kokemusta asiasta, sanoi Jack.
- Ei ole seissyt kauan, vaihdan sen usein.
- Ja voisin ottaa vielä siihen muutaman suolakurkun viipaleen, lisäsi Jack.
- Entä neidin koiraan?
- Sinappi riittää.
- Ja juomaksi laitetaan.....?
- Otamme kahvit vai mitä Jack?
- Joo, otetaan kahvia.

Myyjä latasi kaiken suurelle tarjottimelle ja ojensi sen Jackille.

- Purilainen, koira ja kaksi kahvia. Olkaa hyvät.
- Kiitos!

He istuutuivat läheisen pöydän ääreen ja alkoivat tutkimaan saaliitaan.

- Mehevä ja hyvännäköinen purilainen, onkin aika nälkä.
- Ei tässä koirassakaan ole vikaa, paitsi tämä ei kyllä heiluta häntää enää, Juanita nauroi makeasti ja Jack yhtyi siihen. Jack haukkasi purilaistaan ja joi kuumaa kahvia päälle. Molemmilla oli aika nälkä ja he nauttivat annoksistaan.

- Tuntuuko sinusta kuin emme olisikaan missään avaruusaluksella?, kysyi Juanita.
- Itse asiassa en ole kyllä ajatellut asiaa suuremmin, mutta se johtuu siitä että alus ei liikehdi mitenkään. Niinkuin vaikka auto tai juna, niiden liikkeen huomaa. Mutta Hopestar liikkuu huomaamattomasti.
- Niin tietysti, siitähän sen huomaa.
- Hitto kun on hyvää roskaruokaa, ylisti Jack purilaistaan.
- Joo, ei ole valittamista tässäkään.
- Voi rähmä, tulin liian täyteen purilaisesta. En jaksa enää luistella ja jalkojakin särkee vielä.
- Minullakin nilkat särkee vielä, lähdetään pois vaan jo.
- Jep, lähdetään, sanoi Jack ja nousi.
- Särkeekö sinulla oikeasti jalkoja vai onko se tekosyy päästä tapaamaan Momoa pikemmin?
- Mitä! Epäiletkö sanojani? Minulla oik....
- Juu juu, näen sinun naamastasi heti kun puhut palturia. Et pysty huijaamaan minua.
- No täytyy sanoa että haluan tavata hänet innokkaasti, eikä kylmä kuohuviinikään olisi pahitteeksi, Jack puolusteli.
- Arvasin sen, tunnen sinut jo varsin hyvin, senkin lurjus!
- Ja sinua on todella vaikea uunottaa, sanoi Jack nauraen.
- Ota opiksesi, äläkä yritä toiste!
- En yritä! Madam X !

- Madame X !
- Niin, tiedäthän...semmoinen Domina joka alis....
- Tiedän Madame X :t ja Dominat, Juanita sanoi muka vihaisesti ja nauroi päälle jatkaen vai oikein Domina, taidat halutakin sellaista? Tunnusta pois!
- Ehkä hiukan haluankin, tunnusti Jack.
- Olet sinä kyllä aika tapaus Herra Moore!
- Minkä sitä luonnolleen mahtaa, tiedät sen itsekin hyvin.
- Sinusta alkaa löytyä vaikka mitä kunhan vähän kaivelee, Juanita sanoi ilkikurisesti hymyillen.
- Mitähän sinusta sitten löytyykään kun sinua vähän kaivellaan?
- Kyllä sinä tiedän mitä minusta löytyy! Olethan jo sen verran kaivellutkin, sanoi Juanita.
- Olet kyllä aika mimmi!
- Minäkö muka aika mimmi? Olen vain ujo pieni tyttönen.
- Et todellakaan ole ujo! Etkä aivan pienikään, ainakaan muutamista paikoista, virnisteli Jack.
- Ai mistä paikoista muka?
- No, tiedäthän..
- En tiedä, poju kertoo nyt vaan.
- No perseestä ja ... no perse on ainakin melko leveä.
- Sinä ja sinun perseesi, olet kyllä aika erikoinen tapaus Herra Moore.
- Täytyy tunnustaa, myötäili Jack.
- Sitä paitsi minä pidän leveästä perseestäni.

- Niin pidän minäkin, en minä sillä!
- No sittenhän kaikki on hyvin, vai mitä!?
- On... ilman muuta on, sanoi Jack liioitellun nöyrästi.
- Olet sinä kyllä erikoinen mies.
- Tunnustan etten lukeudu ihan " ns. normi väestöön".
- Et todellakaan, mutta kysyn Momolta että voisiko hän tulla joskus kahden aikoihin?
- Ok, ehditään käydä suihkussa ja silleen, sanoi Jack.
- Ja jotain pikku purtavaa täytyy laittaa esille.
- Joo, juustotarjotin ainakin ja suolakeksejä sekä omenalohkoja ja paprikaa.
- Siinähän sitä jo onkin.
- Mene sinä vain suihkuun, tilaan sapuskat sillä välin, sanoi Jack.
- Joo, saan kerrankin olla rauhassa suihkussa!
- No no, et sinä ole kertaakaan valittanut yhteisistä suihkuistamme, Madam.
- Se olikin niin kuin vitsi hei, kamoon.
- Kyllä minä sen tajusin.
- Et tajunnut.
- Hei! Kuulin tuon!

Juanita meni suihkuun ja Jack mietti että mitä pitäisi tilata. Juustot, suolaiset, omenaa ja viinirypäleitä. Ja tietysti juotavaa.
- Suzy!
- *Niin komentaja Moore?*

- Ensiksi sovitaan niin että kutsut minua Jackiksi, niin kuin aina ennenkin.
- *Kyllä se minulle sopii kom... tarkoitan Jack.*
- No niin, olisi pieni lista tarvikkeista.
- *Olen valmis.*
- Juustoa, ainakin viittä eri sorttia.
- *Kuten väkeviä ja mietoja ja silleen?*
- Juuri niin, saat itse valita. Osaat kyllä hyvin. Sitten suolakeksejä, omenoita, paprikaa ja viiniä. Ja pullo kuohuvaa, oikeata sellaista. Meillä on nyt tupaantuliaiset.
- *Minäkö saan valita?*
- Kyllä, kysy joltain joka tietää viineistä ja muista.
- *Ei minun tarvitse kysyä keneltäkään, minulla on kaikki tieto näistä asioista.*
- Hyvä on, mutta sitten vielä aamuksi lohipiirakoita ja... ei muuta kiitos.

Juanita oli kuumassa suihkussa ja mietti mitä ilta toisi tullessaan. Mitenköhän Jack suhtautuisi Momoon? Tosin Jackin tuntien siinä ei pitäisi olla mitään ongelmaa. Olihan hän itsekin sanonut kuinka olisi mukava olla kahden mimmin kanssa" iltaa istumassa".
- Oletko jo pian valmis?
- Aivan pian, huuhtelen vain vielä hiukset.
Jack meni makuuhuoneeseen ja riisuutui. Hän mietti että nyt ei saisi tulla mitään hälytyksiä, se riipisi häntä pirusti. Pitäisikö ilmoittaa Hopelle että hänellä on

tupaantuliaiset eikä ole käytettävissä. Ei, se olisi turhaa. Jos tulee jotain niin tulee. Juanita tuli suihkusta ja hyräili hiljaa keittiössä. Hän oli laittanut myös kynttilöitä palamaan ympäri olohuonetta. Jack hymyili tyytyväisenä.
- Laitoit oikein kynttilöitä sitten?
- Onhan meillä sentään pienet juhlat, haluan että näyttää kivalta.
- Näyttää tosi mukavalta, minä menen vuorostani nyt suihkuun.
Jack seisoi suihkun alla jonkun aikaa, pesi hiukset ja saippuoi itsensä. Huuhdeltuaan hän pesi hampaansa ja ajoi parran. Lopuksi vielä partavettä ja deodoranttia. Jack katseli itseään peilistä ja hymyili kuvalleen. Ovisummerin ääni palautti hänet taas todellisuuteen. Hän kuuli Juanitan menevän avaamaan.
- Jack! Oletko pian valmis, ruuat ja juomat tulivat juuri?
- Olen valmis!
- No voi sun heiluvilles, onpa meillä hyvät bileet tiedossa.
- No joo, kyllä pitäisi antimet riittää.
- Joo, viimeksi piti tilata lisää kun pääsi loppumaan.
- Niin pääsi käymään. Ollaan melkoisia tissuttelijoita.
- Eikä Momokaan sylje pulloon, nauroi Juanita.
- Tulee varmaan mukava ilta, Jack sanoi ja hieroi käsiään. Mitä aiot laittaa päällesi vai laitatko mitään?

- No, melkein en mitään. Laitan läpinäkyvää ja sellaista, pitsiä kenties, Juanita sanoi arvoituksellisesti.
- Yes, se on minun makuuni ainakin.
- Myös Momo pitää seksihepeneistä.
- Kuinkas muutenkaan, voi että olen onnenpoika!
- Mitä sanoit onnesta?
- En mitään, tässä vain ääneen ajattelin. Mitä minä laittaisin päälleni?
- Laita se silkkinen Kimono, Momokin tuntisi itsensä kotoisaksi.
- Niin laitankin, hyvä.

Juanita tuli juuri makuuhuoneeseen kun Jack puki ylleen kimonoaan ja läpsäisi tätä takapuoleen.
- Auts!
- Voi pientä, sattuiko?
- No ei, enneminkin säikähdin kun en kuullut tuloasi.

Juanita heitti kylpytakkinsa sängylle ja kumartui ottamaan jotain vaatekappaletta lattialta samalla paljastaen ajellun pimppinsä Jackin nähtäväksi. Jack kaappasi hänet syliinsä ja painautui häntä vasten tiiviisti ja kopeloi hänen haaraväliään.
- No no, kolli malttaa nyt. Vieraamme saapuu näillä hetkillä ja minun täytyy vielä laittautua.
- Kolli menee sitten laittamaan itselleen jotain juotavaa.
- Mene vain, minulla menee tässä vielä tovi.
- Enkö saa jäädä tirkistelemään?
- Nyt alat mennä siitä senkin...

Jack kaatoi itselleen viiniä ja otti muutaman suolakeksin käteensä. Hän istui hulppealle sohvalle ja pyysi Suzya laittamaan jotain romanttista musiikkia soimaan. Tuntien Jackin musiikkimakua hän laittoi Julio Inglesiasin kappaleita soimaan.
- Ihanan romanttista, huusi Juanita makuuhuoneesta.
- Tämä on kyllä Suzyn valitsemaa musiikkia, mutta hän sanoikin tuntevansa minut läpikotaisin, veisteli Jack. Juanita tuli makuuhuoneesta lyhyttäkin lyhyemmässä mustassa läpinäkyvässä minihameessa. Hänellä oli sukkanauhat ja mustat verkkosukat sekä punaiset korkeakorkoiset kengät. Läpinäkyvä pusero kruunasi kaiken ihanuuden. Hän oli meikannut itsensä melkoisen lutkamaisesti. Tummat silmät hymyilivät viettelevästi.
- Voi juma! Olet kyllä kuuman näköinen misu!
- Kiva että pidät.
- Ai pidän, en meinaa pysyä nahoissani.
- Saat kyllä viilentyä vähän nyt. Katsotaan sitten myöhemmin pääsetkö puristelemaan minua.
- Onko tuo sinun biletys asusi?
- Yksi monista.
- Olisi joskus mukava nähdä ne muutkin?
- Kyllä sinä ne näet vielä moneen kertaan.
- Tuo on kyllä seksikäs " hame ", jos vähänkin kumarrut niin kaikki näkyy......
- Niin, jos ei ole pikkuhousuja?

- Ja sinullahan ei ole, sen näkee jo tuon roiskeläpän läpikin.
- Ei tietenkään ole, miksi sinä oikein luulet minua?
Samalla hän nosti mekon helmaa ja näytti piirakkaansa.
- Mamma mia! innostui Jack.
- Eikö olekin kaunis näky kun se on paljas, sanoi Juanita.
- On! On niin syötävän kaunis! Nakki vain puuttuu välistä niin voisin sanoa sitä pilldogiksi.
- Ehkä saat laittaa nakkisi väliin, jos olet kiltti poika?
- Olen kyllä, olen kiltti.
- Ovisummeri soi, menetkö avaamaan muru.
Juanita katsoi Jackia keimailevasti ja käveli takamus keinuen ovelle.
- Hei Momo! Kiva kun tulit!
- Onnea uuteen kotiin, tässä olisi pieni lahja.
- Shamppanjaa! Sille löytyy aina käyttöä, kiitos!
- Jack! Tässä on nyt sitten Momo. Momo, tässä on Jack. Minun kollini.
Jack katseli Momoa nyt ensimmäisen kerran näin läheltä, upea nainen. Niin kuin Juanitallakin hänellä oli myös todella lyhyt minihame joka ei jättänyt arvailuille sijaa. Jack halasi ja suuteli häntä suulle.
- Tervetuloa vaatimattomaan kotiimme!
- Vai vaatimaton, vau!
- Käy peremmälle niin kilistellään vähän kuohuvaa.
Jack kaatoi laseihin shampanjaa.

- Kas noin. Uudelle ystävälleni ja uudelle kodillemme. Ja tietysti sinulle tuhma tyttöni.
- Oi kiitos kollini.
- Teillä on täällä niin kaunista, romanttista musiikkia ja kynttilöitä, sanoi Momo ihaillen.
- Joo, viritettiin vähän ilmapiiriä, sanoi Jack.
- Täällä on oikein seksikäs ilmapiiri, illasta tulee varmaan oikein antoisa, sanoi Momo hymyillen viekoittelevasti. Sitten hän joi lasin huikalla tyhjäksi. Jack kaatoi heti hänen lasinsa uudelleen täyteen. Meillä kyllä juomaa piisaa, älä ujostele ollenkaan.
- No, istutaan nyt sentään alas, Juanita sanoi.
- Jackin täytyy tulla istumaan meidän väliimme, vai mitä Momo?
- Totta kai, se olisi hänelle varmaan mieluisaa.
- En olisi muualla suostunut istumaankaan, sanoi Jack ja iski silmää. Mutta ensiksi haen jotain mitä kuuluu nauttia shamppanjan kanssa.
- Mitähän se nyt hakee?

Jack palasi pienen kulhon kanssa ja asetti sen pöydälle.
- Mitä nuo ovat? ihmetteli Momo.
- Tämäkö? Tämä, arvon leidit, on kaviaaria. Tämä on paremman väen, kuten niin kuin me, heh! Suurta herkkua, eli Sammen mätiä.
- Eli kalan munia, lisäsi Juanita.
- Täsmälleen, kalan munia, nauroi Jack.
- Eikö tuo ole hirveän kallista, kysyi Juanita.

- Kyllä, hyvin kallista. Mutta minulla nyt sattuu olemaan tätä.
- Miten tätä syödään, kyseli Momo.
- Tätä voi syödä niin kuin haluaa, vaikka paahtoleivän päällä tai sellaisenaan. Minä pidän tästä sellaisenaan huuhdeltuna shamppanjan kera.
- Tokihan tätä täytyy ainakin maistaa, sanoi Juanita.
- Kyllä minä maistan ainakin, sanoi Momo.
- Ottakaa tuosta lusikat.
Naiset ottivat lusikat ja upottivat ne mustaan herkkuun.
- Ja sitten juomaa perään.
- Tämä maistuu aika erikoiselta. Ei kyllä ole minun makuuni, sanoi Juanita.
- Minäkään en oikein pitänyt sen mausta, Momo lisäsi.
- Älkäähän nyt tytöt, eikö teillä ole makuhermoja lainkaan?
- Minusta kaviaaria on liikaa kehuttu, tämä maistuu aivan raa`alta kalalta, hyi! Sanoi Juanita.
- No, minä saankin sitten syödä kaiken yksin. Haen sitten jotain mistä kaikki varmaan pitävät. Jack haki keittiöstä tarjottimen jolla oli erilaisia juustoja ja hedelmiä sekä suolakeksejä.
- Ihanaa, olen hulluna kaikkiin juustoihin, huudahti Momo.
- Tämä valikoima on sitten Suzyn valitsema, että jos on niin kuin jotain valittamista. Avaan vielä viinipullon niin herkuttelu voi alkaa vaikka on täällä herkkuja ilman viiniäkin, sanoi Jack hymyillen viekkaasti.

- Mitä muita herkkuja sitten? Uteli Juanita.
- Kyllä sinä tiedät mitä tarkoitan.
- Alkaako minun pienellä mussukallani olla jotain tuhmaa mielessä?
- Ei sen kummempaa, ajatukset vain jotenkin karkaavat kun katselen teidän hmm..
- Meidän mitä?
- No, sanotaanko että muoto. ..niin muotoja. Sitä sanaa etsinkin.
- Kyllä me olemme huomanneet, että katselet meitä kuin olisimme mehukkaita filee pihvejä, Juanita sanoi kiusoitellen.
- No joo, en nyt sanoisi ihan noilla sanoilla mutta juu.
- Myönnä pois että haluaisit muhinoida kanssamme, ja vielä yhtä aikaa.
- Saattaa olla että sekin on käynyt mielessä, Jack sanoi ja raapi leukaansa teatraalisesti.
Momo nousi ja otti Jackia kädestä. Tulepas vähän tanssimaan kanssani.
- Toki, luulin jo että kumpikaan ei pyydä.
- Eikö yleensä miehet hae naisia, sanoi Juanita.
- Näin on, mutta ettekö muka tienneet että tänään onkin naisten haku, Jack virnisti.
- Kyllä sinulla on vastaus kaikkeen, sanoi Juanita ja otti kulauksen shamppanjaa.
Jack painautui ihan kiinni Momon rintoihin ja laittoi kämmenensä hänen pakaroilleen. Jackilla oli niin sanotusti kädet täynnä.

- Nyt Jack pääsi oikein mielipuuhaansa... puristelemaan tytön pakaroita, sanoi Juanita hymyillen.
- Mitä nyt vähän pitelen, sanoi Jack kuin viaton pikku poika.
- Sano nyt suoraan vaan että kiihotut kun pitelet Momon perseestä kiinni.
- Niin kiihotunkin, en voi vastustaa pyöreitä pyllyjä.
- Eikö Jack olekin brutaalin ihana Momo?
- Vaikka yleensä olenkin naisten kanssa niin ei tässäkään hullumpi ole olla, vastasi Momo.
- Saattekin nyt tanssia keskenänne, minä juon vähän viiniä ja maistelen juustoja.
- Tule Juanita! Momo ojensi kätensä Juanitaa kohti.
- Nyt laitetaan Jack kuolaamaan oikein kunnolla, Juanita kuiskasi tämän korvaan.
Naiset alkoivat hitaasti keinumaan musiikin tahdissa ja heidän vartalonsa liimautuivat toisiinsa. Molempien kädet vaelsivat estottomasti toistensa vartaloilla. Juanita suuteli Momon kaulaa ja hänen punaisia huuliaan. Momo hieroi Juanitan pakaroita ja ujutti kätensä tämän haarojen väliin. Hänen kätensä liikkui nopeammin ja nopeammin. Juanitan ilme oli hekumallinen, kunnes hän voihkaisi kovaan ääneen.
- Vau! Sinä taisit tulla oikein kunnolla muru! Sanoi Jack.
Naiset suutelivat ja keinuivat hiljaa toisiaan vasten. Juanitan ja Jackin katseet yhtyivät ja kumpikin hymyili.

Sitten Momo tuli Jackin viereen sohvalle ja käänsi paljaan pyllynsä tätä kohti.
- Haluaisitko vähän maistaa piirakkaani?
Jack painoi oitis suunsa Momon kosteaan vakoon ja aloitti kielihommat. Juanita suuteli Momoa samaan aikaan. Jack nuoli ja lutkutti niin kauan että Momo sai orgasmin. Juanita hieroi hänen rintojaan hellästi.
- Ooh, mmm, ihanaa! Hän voihki ääneen.
Jack nosti viinilasin huulilleen ja huuhtoi Momon mehut alas kurkustaan.
- Voitaisiin välillä maistella juustojakin, jotkut juustot tuoksuvatkin... no niin joo.
- Ei kai minun pilluni tuoksunut sentään juustolle?, sanoi Momo muka nolona.
- Ei tuoksunut, pelkälle kiimalle vain, sanoi Jack ja nuuski samalla ilmaa leikkisästi.
- Ei pillu saa saippualle tuoksuakaan vaan kiimalle ja hekumalle, sanoi Juanita ja hiveli tavaraansa.
- Olette kyllä ihania herkkuperseitä! Mennäänkö välillä saunaan? Jack ehdotti.
- Joo, mennään vain! Naiset laukoivat kuin yhdestä suusta.
- Suzy? Laittaisitko saunan lämpiämään?
- *Kuinka lämpimäksi haluat sen?*
- Jack katseli naisia ja sanoi, sellainen 70 astetta olisi ihan hyvä. Naiset nyökyttivät päitään.
- Kestääkö sen kauan lämmetä?
- *Noin puoli sekuntia, onko se liian kauan?*

- On se kyllä aika hidas!...Jack aloitti. Sehän on supernopea! Vielä kysytkin moista!
- *Sauna on nyt saavuttanut 70 astetta,* Suzy sanoi rennosti.
- No niin my Ladys, eikun saunaan sitten.

He riisuivat ne vähätkin mitä heillä oli päällään ja menivät löylyyn. Jack ahtautui naisten väliin leveä hymy huulillaan. Hän laittoi kätensä kummankin lantiolle.

- Tässä on oikein mukava paikka meikäläiselle.
- Niin varmaan, sanoi Juanita ja hymyili Momolle.
- On on, mikä on sen ihanampaa kuin litistyä kahden kuuman misun väliin.
- Kyllä sinä olet varsinainen kolli, sanoi Juanita.
- Minkä sitä luonnolleen mahtaa, kolli mikä kolli.
- Heitähän nyt vähän lisää vettä kiukaalle kolli, sanoi Momokin ja nauroi.
- Toki toki, täältä lähtee.

Seurue saunoi hyvän aikaa ja poistui sitten suihkuun.

- Kuka haluaa kunnian pestä minun selkäni, Jack ilmoitti.
- Vai oikein kunnian! No minä pesen kollin selän ja munatkin, sanoi Juanita.
- Ja pesekin hartaasti, ei ole mitään kiirettä.
- Sinä saat sitten pestä meidän molempien kaikki paikat oikein kunnolla! Sanoi Juanita.
- Ja varsinkin sieltä, lisäsi Momo.

- Oi kiitos tehtävästä! Paneudunkin siihen oikein syvällisesti! Pidätte varmaan kun saippuaiset käteni vaeltelevat joka sopukassanne ja hivelevät hellästi.
- Tietysti me tykätään siitä, sanoi Momo ja samalla puristeli Jackin kiveksiä.
- Mennään kohta porealtaaseen loikoilemaa, sanoi Juanita.
- Tietysti mennään kun kerran sellainen on meille suotu, sanoi Jack perään.

He menivät kaikki kolme yhtä aikaa ammeeseen nauttimaan sen suomasta hieronnasta. Jack poistui ensimmäisenä ja naiset jäivät vielä ammeeseen. Antaa naisten olla vähän kahdestaankin, hän mietti. Hän meni ilkosillaan sohvalle istumaan ja kaatoi lasillisen shamppanjaa itselleen.
- Laittaisitko Suzy jotain romanttista musiikkia soimaan taustalle?
- *Laitan jotain kaunista.*
Hetken perästä alkoi huoneeseen tulvia kaunista ja romanttista musiikkia. Jack nautti olostaan enemmän kuin koskaan. Naisetkin tulivat suihkusta ja he katselivat Jackin vaatetusta, jota ei ollut laisinkaan. Ja päättivät itsekin olla ilkosillaan, heistä ei kukaan ollut mitään ujostelevaa sorttia.
- Ollaan sitten kaikki alasti, täällähän on niin lämminkin, sanoi Juanita.

- Ollaan vaan juu, pimpsakin saa tuulettua, nauroi Momo.
- Saisiko pimuille olla shampanjaa?
- Kyllä tietysti, kaada lasit täyteen vain.
- Kylmä juoma tekee hyvää näin saunan jälkeen ja tietysti muutenkin, sanoi Juanita.
- Ottakaa myös suolaista, jottei mene pelkäksi lipittämiseksi!
- Otetaan kunhan keritään, sanoi Momo.

He nauttivat juomista ja ruuista kynttilöiden hämärässä loisteessa. Romanttinen musiiki soi hiljaa. Heillä oli hyvä olla yhdessä. He keskustelivat niitä näitä kunnes puhe kääntyi Frankiin. Kaikki olivat pahoillaan frankin kohtalosta.

- Kyllä Frankilla oli tosi huono tuuri kun sai kasvaimen, sanoi Jack.
- Aivan kamalaa, Momo sanoi.
- Kasvain etenee hurjaa vauhtia, kauankohan hänellä on elinaikaa? Mietti Juanita.
- Ei enää kauan, niin kertoi lääkäri.
- On se sääli, Frank on hyvä mies, sanoi Juanita.
- Mutta siitä ei nyt ainakaan enempää tänään, alkoi tämä juominen jo vähän väsyttää ja tekisi mieli vielä vähän leikkiä kanssanne. Mitä jos mentäisiin kaikki sänkyyn kellimään, ehdotti Jack.
- Joo, mennään vaan, sanoi Juanitakin.
- Minä varaan sitten paikan teidän välistänne, sopiiko se teille?

- Tietysti sopii, siinä sinulla onkin mehukas paikka kelliä kahden alastoman naisen välissä, sanoi Juanita.
- Kyllä sinun kelpaa, lisäsi Momo.
- Lähdetään saman tien sänkyyn, hätäili Jack jo.
- Mennään vain, ollaankin jo valvottu aika kauan, sanoi Juanita.

Naiset nousivat ja lähtivät kävelemään makuuhuoneeseen päin, Jack katseli heidän takapuoltensa keinuvaa liikettä ja tunsi kovenevansa. Ihania naisia, ajatteli hän ja lähti heidän peräänsä.
- Oliko kiihottavaa katsella takapuoliamme, Juanita sanoi äkisti.
- Ai mitä? Enhän minä!
- Et mitä? Älä nyt viitsi enää, kyllä sinut tunnetaan. Kalusikin on jo kovenemassa päin.
- Tulehan tänne misujen väliin, niin paijataan vähän.
- Tulen tulen... olen jo siellä!

Jack asettui naisten alastomien vartaloiden sekaan ja tunsi olevansa paratiisissa tai oikeammin Itämaisessa haaremissa. Kummallakin puolella ihana pehmeä nainen jotka tuoksuivatkin ihanalle. Naiset suutelivat toisiaan ja häntä. Kädet alkoivat liikkua estottomasti, tilanne alkoi kuumentua. Kaikki muuttui intohimoiseksi mylläkäksi, Jack rakasteli molempien naisten kanssa, hän otti yöstä kaiken irti minkä sai. Aamulla Jack heräsi ennen naisia ja katseli heidän alastomia vartaloitaan hetken. Onnekkaampaa miestä ei

ole koko aluksella kuin hän on. Hänen olonsa oli vielä vähän tokkurainen mutta hyvä aamupala korjaisi tilanteen. Hän nousi varovasti ettei herättäisi naisia, hän laittaisi ensin aamupalan valmiiksi ennen kuin herättäisi heidät. Jack palasi makuuhuoneeseen laitettuaan aamiaisen valmiiksi ja näki kuinka naiset olivat kietoutuneet toisiinsa unissaan. Näky oli Jackin mielestä kaunis ja eroottinen, hän epäröi herättää heitä. Kosketti kuitenkin Juanitan olkapäätä varovasti. Tämä alkoi liikkua ja kysyi unisena että onko jo aamu? On aamu ja olen laittanut meille aamiaista. Herätä Momokin ja tulkaa sitten syömään, olokin paranee kummasti. Sitten hän suuteli Juanitaa. Jack meni kylpyhuoneeseen ja otti kylmän suihkun. Palatessaan naiset olivatkin jo aamupalan kimpussa. Heillä oli kummallakin melkoinen kanuuna ja ruoka maistuisi.
- Huomenta ! Onko olo mitä parhain?
- Kauhea kankkunen, tunnusti Momo.
- Kyllä me hengissä selvitään, lisäsi Juanita vaimeasti hymyillen.
- Olet tehnyt ihanan aamiaisen meille, kiitos kamalasti, sanoi Momo.
- Kyllä Jack osaa nämä ruuanlaitto puuhat, sanoi Juanita ylpeänä Jackistä.
- No onhan tuota vähän harjoiteltukin, sanoi Jack vähätellen. Mutta ottakaa nyt kaikkea mitä olen loihtinut.
- Kiitos vaan, kyllä otetaan.

- Olet kyllä aika sälli, jaksoit touhuta monta tuntia ja nyt vielä laitoit aamiaistakin, sanoi Momo ihailevasti.
- Mitä olen oikein touhunnut? Ei muisti oikein pelaa!
- Olit oikein innokas!
- Saamari kun en muista, olinko kenties hyväkin?
- Kyllä sinä osuutesi teit, sanoi Juanita pilke silmäkulmassaan.
- Etteköhän nyt kehua retostele vähän omianne.
- Jack ei taida oikeasti muistaa miten se rytkytti meitä kuin sonni. Vieläkin on haaraväli arka, nauroi Momo.
- No no, en minä...
- Kuinka sinä jaksoitkin hoidella meidät molemmat ja vielä siinä kunnossa? Juanita ihmetteli.
- Taisin juoda vähän liikaa ja nyt harmittaa tosi paljon kun en muista miten ihanaa on ollut.
- Otetaan uusiksi mutta selvin päin vai mitä Momo?
- Joo, annetaan pojulle oikein kunnon kyytiä!
- Olette niin ihania kun annatte minulle uuden mahiksen.
- Tietysti annetaan, ja vielä monta kertaakin, sanoi Momo ja hymyili irstaasti.
- Olette te aika lutkia kumpikin, mutta siksi juuri pidänkin teistä.
- Yritämme parhaamme.
- *Komentaja More. Tulisitteko komentosillalle!*
- Tulen aivan pian, menee muutama minuutti.
- Mitähän nyt on tapahtunut? Sanoi Momo.
- Ei varmaan mitään erikoista.

- Mennään mekin mukaan, sanoi Juanita.
He pukivat ylleen ja lähtivät sillalle yhdessä.
- Hope! Oletko löytänyt jotain vai mistä on kysymys?
- *Supernova, ja melko lähellä vielä!*
- Luuletko sen vaikuttavan meidän menoomme?
- *En ole varma, ehkä. Parasta olisi muuttaa suuntaa.*
- Mikä on supernova? Kysyi Momo.
- Se on jättiläistähden räjähdys, ja sillä voi olla vakavia seuraamuksia alukselle. Se saattaa lamaannuttaa aluksen järjestelmiä.
- *Aloitan hidastuksen ja väistän tähden kauempaa, otan sitten vanhan suunnan takaisin.*
- Ok.
- Onneksi Hope huomaa vaarat ajoissa, ainakin useimmiten. Olisimme ilman Hopea aika heikoilla, sanoi Jack.
- Mutta ei voi Hopekaan mitään madonrei'ille, sanoi Juanita.
- Se on totta, mutta niihin ei sentään tuhouduta.
- Mitkä madonreiät? Innostui Momo kyselemään.
- Vähän vaikea selittää mutta ne ovat niin kuin sellaisia näkymättömiä putkia joita risteilee avaruudessa ristiin rastin. Eikä niistä tiedä minne tai miten kauas ne vievät. Selitti Jack.
- Olemme jo kaksi kertaa joutuneet sellaiseen, sanoi Juanita.
- Ja joudumme vastakin, sanoi Jack.
- Onpa jännää ja pelottavaakin kyllä, sanoi Momo.

- Ne kuuluvat tähän systeemiin emmekä mahda sille mitään, sanoi Jack rauhallisesti.
- *Olemme taas alkuperäisessä suunnassa,* Hope ilmoitti.
- Minä lähden nyt ainakin nukkumaan, väsyttää vieläkin. Jack näyttikin aika räjähtäneeltä.
- Sama täällä! Sanoivat naiset yhtä aikaa.
- Hope, tiedät mitä tehdä. Me menemme vielä loikomaan.

Jack ja naiset lähtivät asuntoon takaisin.

- Öitä! Sanoi Jack ja rojahti sängylle.
- Me tullaan myös! Et pääse meistä niin helpolla eroon, Juanita sanoi.
- Tulkaa ihmeessä, mutta sitten ei mitään peliä. Ainakaan vähään aikaan, sanoi Jack ja painoi päänsä tiukemmin tyynyyn.
- Mitään peliä? Miksi sinä oikein luulet meitä? Me olemme siveellisiä naisia, sanoi Juanita ja naurahti.
- Minkälaisiahan sitten siveettömät ovatkaan? Vastasi Jack ja nukahti saman tien.
- Kyllä tässä uni vielä maistuukin, jäi hieman vähiin viime yönä. Momo sanoi.
- Niin maistuukin.

Hetken perästä kolmikko nukkui autuaana pois kankkustaan.

Hopestar jatkoi äänettömästi matkaansa avaruuden tyhjiössä. Kukin teki mitä teki, kaikki oli hyvin. Hope piti huolta että alus pysyisi suunnassa ja kaikki toimisi moitteettomasti. Hope tiesi että aluksen selviytyminen oli hänen varassaan. Hope luotti itseensä, hän oli aluksen todellinen päällikkö. Hän pystyisi tekemään aivan mitä haluaisi. Sen hän oli huomannut jo jonkin aikaa sitten. Hope tunsi että hän oli inhimillinen, enemmän kuin pelkkä kone.

Ovisummeri soi sinnikkäästi ja Jack nousi avaamaan oven. Ovella oli Frankin sairaanhoitaja, hänellä oli tuskainen ilme kasvoillaan.
- Huomenta, anteeksi että tulen näin. Mutta Frank on hyvin heikkona ja hän toistelee sinun nimeäsi koko ajan. Voisitko tulla?
- Tulen heti, puen vain jotain päälleni.
- Jack! Kuka siellä on?
- Juanita! Tule sinäkin, Frank hourailee.
- Laitan vain aamutakin ylleni ja tulen heti!

Frank makasi sängyllä selällään silmät kiinni. Hän oli huonon näköinen.
- Frank. Minä tässä, Jack.
 Frank liikahti hiukan ja hänen silmänsä avautuivat hitaasti.
- Jack?
- Olemme tässä vieressäsi, Juanita ja minä.

- Juanita...pidä huolta...Jackista. Hän on ...hyvä mies..
- Tietysti pidän, älä nyt sitä murehdi Frank.
- Hope...tietää...toiveeni. Kysy...menen ...
vaimoni luokse...
Frankin silmät painuivat hitaasti kiinni... hän oli poissa. Jack piteli hänen kättään ja kyyneleet valuivat hänen poskilleen. Juanita niiskutti hiljaa.

- Hope, Komentaja Frank Sisto on juuri poistunut luotamme. Haluaisin sanoa muutaman sanan aluksen väelle.
- *Olen todella pahoillani, Frank oli hyvä päällikkö. Voit aloittaa milloin haluat Jack.*
- Täällä puhuu komentaja More. En aio pitää mitään pitkää puhetta.Komentajamme Frank Sisto on menehtynyt hetki sitten sairauteensa. Pidetään minuutin mittainen hiljainen hetki Komentajan muistolle.
Aluksen koko väki hiljentyi kunnioittamaan Frankin muistoa.
- *Frank antoi minulle ohjeet miten menetellä kun hän on kuollut. Hän pyysi minua kertomaan teille, Juanita ja Jack seuraavaa: "<u>Kerro Jackille ja Juanitalle että toivon heille paljon onnea etsinnöissään. Minun aikani tuli, mutta teillä on vielä paljon koettavaa. Minä olen nyt vaimoni luona, minulla on hyvä. Haluan että ruumiini jäädytetään ja säilötään alukseen siksi aikaa että löydätte planeetan jonne voitte asettua. Haluaisin</u>*

*että hautaisitte minut sinne. En haluaisi jäädä
ajelehtimaan avaruuteen missään helkutin kapselissa".*
Sitten hän pyysi minua tukemaan ja auttamaan teitä
kaikin tavoin matkallanne. Minkä tietysti teenkin.
- Kiitos Hope. Järjestätkö vielä että Frank haetaan ja
jäädytetään.
- *Järjestän kaiken.*
- Kiitos.

Jack istui komentosillan muhkealla sohvalla ja katseli
Maasta otettuja kuvamateriaaleja. Hän oli surullinen.
- *Komentaja!*
- Niin Hope?
- *Minulla on ikävää kerrottavaa, on tapahtunut vakava
rikos ihmisyyttä vastaan.*
- Kerro, mitä on tapahtunut.
- *Yksi kansalaisista on riistänyt toisen hengen!*
- Hemmetti!
- *Mies kuristi naisen tämän asunnossa.*
- Onko mies jo otettu huostaan?
- *Kyllä, hänet on viety saattohuoneeseen.*
- Ok, menen sinne heti!
Jack mietti matkallaan saattohuoneeseen että mikä
ihme on saanut nuorukaisen murhaamaan toisen
ihmisen? Tämä on huono juttu, hän mietti.
Mies oli teljetty pieneen huoneeseen. Jack katseli
nuorta miestä lasin takaa. Mikä sai hänet tekemään
hirmuteon? Hopestarilla ei ole lakimiehiä eikä

valamiehistöä eikä varsinaista vankilaakaan. Vankien ruokkiminen ja ylläpitäminen veisi tilaa ja voimavaroja aluksen kunnollisilta ihmisiltä. Maassa aikoinaan tuhlattiin valtavia summia rikollisten hyysäämiseen vankiloissa. Nekin rahat olisi pitänyt käyttää ihmisten ja eläinten parempaan elämän laatuun. Luonnon suojeluun ja sellaiseen, kaikkeen hyvään asiaan. Hopestarin laki oli mutkaton ja selkeä.
Jack astui huoneeseen. Nuorukainen istui tuolilla raudat käsissään. Vartijat seisoivat hänen molemmilla puolillaan.
- Hope! Yhdistä seuraava puhe koko alukseen.
- *Yhdistän*.
Jack aloitti, Olet tehnyt rikoksen joka on hirvein jonka kanssa ihmiselleen voi tehdä. Tällä aluksella toisin kuin Maassa, ei hyväksytä pienintäkään vahingontekoa toiselle ihmiselle. Eikä millekään elolliselle olennolle, ei edes kasveille joita meillä on täällä iloksemme ja hyödyksemme. Käytäntö on selkeä ja ehdoton. Rangaistus on täällä ankara ... karkotus alukselta! Kaikki ymmärtänevät mitä tämä käytännössä tarkoittaa, kuoleman tuomiota. Rikoksen tekijä laitetaan pieneen putkeen joka sitten singotaan avaruuteen. Ilma riittää noin kymmeneksi minuutiksi, jonka aikana tuomittu voi tehdä tilinsä selviksi Jumalansa kanssa mikäli hänellä sellainen on. Riistit lähimmäisesi hengen, nyt menetät omasi ikävällä

tavalla. Tukehtumalla ...Onko sinulla jotain sanottavaa?
Mies painoi päänsä alas ja oli vaiti.
Mies asetettiin putkeen joka suljettiin ilmatiiviisti, oli lähdön aika. Toimeenpanija katsoi Frankiin ja tämä nyökkäsi. Kapseli singottiin avaruuteen aluksen väen seuratessa monitoreistaan tapahtumaa.
- Jos kaikille ei tullut asia selväksi vielä, sanon sen vielä kerran; Aluksella ei hyväksytä minkäänlaista väkivaltaa, tuomio on aina karkotus! Muiden ihmisten ja eläinten kunnioittaminen on aluksella ehdoton laki. Nyt palatkaamme normaaleihin toimiimme.
Kaikki poistuivat, toimitus oli ohi.

MUSTAAN AUKKOON

Kukaan ei osannut aavistaa että musta aukko olisi suoraan heidän reitillään, alus kulki valtavalla nopeudella kohti aukkoa. Hopen olisi pitänyt huomata tapahtuma mutta se ei voinut koska sen laitteissa oli vika ja sitä korjattiin paraikaa. Hopen olisi pitänyt

ilmoittaa viasta Jackille mutta ei ollut tehnyt niin.
Oliko tämä Hopestarin ja koko aluksen väestön tuho.
Hope huomasi liian myöhään mitä oli tapahtumassa.

- *Jack! Tule heti komentosillalle!!*
Jack säpsähti, hän ja Juanita olivat nukahtaneet.
- Juanita! Herää!
- Mitä nyt?
- Jotain on tapahtumassa, mennään komentosillalle heti!
He pukivat nopeasti ja riensivät komentosillalle.
- Hope! Kerro!
- *Olen todella pahoillani, laitteita korjattiin enkä voinut huomata!*
- Huomata mitä!!
- *Että lennämme suoraan mustaan aukkoon! En voi enää tehdä mitään, olemme aukossa 10 sekunnin sisällä. olen pahoillani.*
Jack ja Juanita katsoivat toisiaan vakavina ja suutelivat.
He puristivat toisensa syliinsä ja laittoivat silmänsä kiinni.
- *Hyvästi, oli kunnia tuntea teidät!* Hope sanoi.
Samassa he menivät aukkoon. Jack ja Juanita menivät tajuttomiksi. Hope ei luonnollisesti voinut näin tehdä vaan oli tietoinen tapahtumasta koko ajan. Mutta miten...
- Jack! Jack! Juanita!

Jack ja Juanita makasivat lattialla tiedottomina. Jack heräsi Hopen huuteluun ensin ja herätti Juanitan. Jack ihmetteli miten he ovat elossa, alus ja kaikki. Hope!
- Hope! Mitä tapahtui? Kuinka olemme elossa vielä? Olemme elossa!
Jack syleili Juanitaa vieläkin ihmeissään. Juanita itki hänen olkapäätään vasten ihmetyksestä.
- *Olemme aukossa nyt, avaruutta ei ole ympärillämme. Laitteeni eivät rekisteröi mitään, eivät niin mitään!*
- Miten on mahdollista että emme tuhoutuneet! Jack ihmetteli.
- *Kukaan ei ole aiemmin joutunut mustaan aukkoon, kaikki mitä siitä olemme arvailleet eivät pitäneetkään paikkansa, ilmoitti Hope*
- Hyvä niin, en olisi vielä halunnut kuolla, sanoi Jack.
- Minne nyt joudumme?   Ihmetteli Juanita.
- Sitä ei tiedä vanha Erkkikään, sanoi Jack.
- *Emme voi tehdä muuta kuin odottaa,* sanoi Hope.
- Niinpä, olemme kohtalon armoilla, totesi Jack.
- Emme siis tiedä mistä putkahdamme ulos, Juanita sanoi.
- Jos yleensä putkahdamme mistään, jos jäämmekin tänne loputtomaksi ajaksi.
- Se olisi kauheaa!

Alus kiisi hurjaa vauhtia mustassa aukossa eikä kukaan aavistanut minne he joutuisivat.   He menivät asuntoonsa voimatta vaikuttaa mitenkään asioiden kulkuun.

- Jack! Herää.
- Mitä! Kuka!
- Anteeksi jos pelästytin sinut! Mutta olen laittanut meille aterian.
- Aterian? Niin tietysti, ruokaa!
- Niin... ruokaa.
- Sorry, olen vieläkin unessa.
- Laitoin meille broilerin rintafileitä ja riisiä. Ja paljon sahramia!
- Nam, tulen heti !
- Hoh hoijaa, tulihan nukuttua kunnolla, sanoi Jack unen pöpperössä.
- Joo, Juanita sanoi ja hymyili.
- Niin, oli myös mukava "nukkua", nauroi Jack ja virnisti leveästi.
- Niinpä, senkin sonni.
- Minäkö sonni? Jos minä olen sonni niin oletko sinä sitten lehmä?
- Sinä senkin.....!
- Haa, sainpas sinut !
- Etkä saanut, ja voin minä ollakin lehmä! Lehmät ovat söpöjä!
- Niin ovatkin, muu muu!

- No niin, aletaanpas nyt syömään ennen kuin kaikki kylmenee.
- Ihania nämä broiskut, Jack sanoi ja pisteli vaaleaa lihaa suuhunsa innolla.
- Mmm, juu.
- Näistä broiskuista tuli mieleeni että voisit olla sittenkin kana! Jack nauroi hervottomasti.
- Nyt suu suppuun ja syö, höh.
- Pooot pot pot !
- Nyt Jack! Juanita sanoi tiukan näköisenä ja hymyili heti perään.
- Hyvä on , en kiusaa enää söpöläistä.
- Parempi onkin jos meinaat saada jatkossakin mun camel toeta.
- Juu, en kiusaa enää. En varmasti ! Jack sanoi hädissään muka.
- Syönnin jälkeen voit tutkiakin kuinka "varvas" jakselee, Juanita hymyili rivosti sanoessaan.
- Jee, tutkin mielelläni "varvastasi", sanoi Jack ja nuoleskeli huuliaan.
- Sen kyllä uskon, nauroi Juanita.
- No, minkäs teet luonnollesi.
- Niin, minkäs teet.

- *Jack!*
- Niin Hope?
- *Olemme edelleen pimeydessä mutta kaikki on ok. Ilmoitan kun tapahtuu jotakin. Ottakaa rauhallisesti.*

- Ok. Kiitos.
- No niin Misu! Nyt voidaankin siirtyä makuuhuoneeseen niin tutkin vähän sitä sinun "varvastasi"..... jooko?
- Joo, sopii minulle mainiosti, sanoi Juanita hymyillen rivosti.

Jack heräsi kun Juanita nukkui vielä sikeästi. Hän kävi suihkussa ja lähti komentosillalle.

- Hei Hope !
- *Komentaja !*
- Tiedätkö jo missä olemme ?
- *Tiedän, olemme Intiaanin tähdistössä !!!*
- Mutt... Mutta sieltähän me lähdimmekin alunperin ?
- *Niin lähdimmekin ja nyt olemme jälleen siellä. Madonreiät kuljettavat meitä minne sattuu... tai Mustat aukot tai molemmat....*
- Minne suuntaamme seuraavaksi? Onko ideoita ?
- *Olemme kuin pisara valtameressä, ei tässä ole oikeastaan mitään järkeä valita mitään suuntia. Ehdotan että valitsen randomisti jonkun suunnan ja sillä sipuli,sanoi Hope*
- Tehdään niin, laita Hope joku juttusi arpomaan suunta ja lähdetään sinne.
- *Ok, tehdään niin sitten.*
- Selvä...lähdenkin tästä asunnolle..... ja Hope! Ole tarkkana
- *Aina Komentaja, aina.*

Jack palasi asunnolle ja huomasi Juanitan vielä nukkuvan. Hän päätti tehdä aamiaista ja herättäisi sitten hänet. Jack mietti mitä hyvää hän laittaisi.
- Teenkin köyhiä ritareita mansikkahillolla ja keitän kahvia, Jack puheli itselleen. Jack alkoi paistamaan ritareita ja niistä lähtevä tuoksu johdatti Juanitan keittiöön.

- Huomenta muru, heräsin ruuan tuoksuun. Nam, köyhiä ritareita.
- Huomenta, näistähän sinä pidät !
- Jep, ne ovat niiiin ihania!
- Minäkin pidän näistä, siksi laitoinkin näitä.
- Nam.
- Kuule Jack, tiedetäänkö me missä olemme nyt?
- Joo kyllä. Olemme Intiaanin tähdistössä.
- Hmm, olemme tulleet takapakkia aika paljon.
- Niin no, samahan se oikeastaan on missä täällä loputtomassa paikassa olemme, sanoi Jack.
- Niin, sama kai tuo.
- Tämä alus on kotimme lopun elämäämme eikä tämä huonompi "kotikaupunki" ole tämäkään, sanoi Jack.
- Ei ole, itse asiassa tämä on loisto city, sanoi Juanita hymyillen.
- Niin on minustakin, mitä jos mentäisiin vaikka uimaan tai soutelemaan.

- Mennään vaan, ei tässä kannata paljon ihmetellä missä olemme. Sama se missä tämä alus lilluu ! Tämä on oma maailmansa, meidän maailmamme, Juanita sanoi.
- Lähdetään heti matkaan.
- Jee

He laittoivat rennot kesävaatteet ylle ja lähtivät rannalle jossa aurinko paistoi aina yhtä kirkkaasti.

- No niin ja eikun kuteet hittoon ja grillaamaan nahkaa, sanoi Jack innoissaan.
- Näin tehdään!
- Levitän viltin ensin hiekalle niin on mukavampi maata siinä.
- Parempi niin koska hiekalla ei ole niin mukava maata, hymyili Juanita.
- Ei olekaan, mutta mennään ensin uimaan.
- Ok, mennään vain.
- Täällä on aika paljon väkeä nauttimassa ulkoilmasta.
- Juu, tai oikeastaan sisäulko ilmasta, nauroi Juanita.
- Totta haastat, sitähän tämä oikeesti on.
- Kumpi on ensin vedessä !!

Juanita lähti juoksemaan vettä kohti niin lujaa minkä kintuistaan kerkisi ja Jack ampaisi heti perään. Juanita oli niin nopea ettei Jackillä ollut mitään mahiksia keretä ennen häntä veteen.

- No tulepas kilpikonna sieltä!
- Tullaan tullaan ! Miten ihmeessä juokset noin lujaa?
Eikö tissit hidasta yhtään kun ne pomppivat eestaas?
- Ei hidasta yhtään, päinvastoin ne antavat lisää vauhtia, nauroi Juanita.
- Olet kyllä aika mimmi !
- Enkö olekin.
- Täytyy myöntää että olet monessa pirun etevä, sanoi Jack ja nauroi.
- Vesi on mukavan viileää, uidaan toiselle puolelle rantaa.
- Joo, mutta nyt ei kilpailla vaikka uimisessa kyllä voittaisin sinut helposti. Ei tuollaisten munkkien kanssa kyllä pysty uimaan nopeasti.
- Siinä olet kyllä oikeassa, näiden kanssa on aika hidasta uida. Mutta pystyn kyllä kellumaan helposti näiden avulla, kikatti Juanita.
- Juu, sen kyllä arvaakin.
- Harmittaako kun sinulla ei ole tällaisia?
- No kyllä vähän harmittaa, nauroi Jack
- Mennäänkö jo rannalle?
- Mennään vaan.
- Hakisitko jotain kylmää juotavaa Jack?
- Ok, mitä haluat?
- Bloody Maryn !
- Tulee tuossa tuokiossa My Lady !
- Tässä olisi ladylle kylmää juotavaa.
- Oh kiitos, James!

- Vai James ! No joo, näytänkin kyllä vähän Sean Connerilta.

- Olet kyllä aikamoinen salainen agentti, täytyy myöntää, hymyili Juanita leveästi.
- Niin no, täytyy myöntää että olen kyllä melkoisen neuvokas tyyppi ja komeakin.
- Ja mikäköhän täällä alkoi jälleen kerran tuoksumaan, sanoi Juanita.
- Miten niin "tuoksumaan"?
- No haisemaan sitten.
- Ai sorry, taisi päästä pikku paukku, heh.
- Joo joo, kyllä tiedät mitä tarkoitin. Senkin kelmi.
- No nyt sitten olen jo kelmikin, hö !
- Kelmi mikä kelmi !
- Haluaako arvon lady että sivelen hiukan aurinkovoidetta nivusiisi?
- Vai että nivusiini...
- Nivusiin nivusiin ja vähän muuallekin.
- No, sivelehän nyt sitten sitä rasvaa vähän muuallekin.
- Kummalle puolelle haluat ensin, etu vai takapuolelle?
- Olen ensin mahallani joten sivele takapuolelle.
- Siis takapuolelle ensin ... onkin aika iso takapuoli, Jack keljuili,
- Ihan hyvä perse se on, laittaa nyt sitä rasvaa vaan sinne.
- Laitetaan laitetaan, kunhan ehitään. Mielellänihän minä rasvaan perseesi juu.

- Tiedän että mielelläsihän sinä.
- Juu, se on niin mukavan pehmeä ja sileä.
- Sinulla taitaa olla taas jotain mielessä, vai kuinka?
- Minullako? Ei minulla mitään mielessä ole, Jack hymyili itselleen.
- Uskoisiko tuota, ainahan sinulla silmät kiiluu kun katselet muotojani.
- No juu, kiiluvin silmin on mukava tiirailla vakojasi.
- Vakojani !! Nytkö ne ovat jo vakojakin.
- Niin, persevakoa ja pilluvakoa esimerkiksi.
- Olet kyllä aikamoinen perverssi Jack, mutta siksi juuri pidänkin sinusta.
- Kiitos, armaani. Mukavaa että tulemme toimeen pienistä eriskummallisuuksistamme huolimatta.
- Haetko lisää juomista, täällä kuumuudessa janottaa koko ajan.
- Ai, kuumuudenko syy onkin kun haluat humaltua.
- En halua mitenkään humaltua kummemmin, vain pikku sievään olooon olisi tarkoitus päästä.
- Ota sitten itsellesikin juotavaa.
- Niin aion ottaakin, enkä niin vähääkään.
- Älä nyt kaatokänniin ainakaan itseäsi juo.
- En toki, vain sen verran että olo tuntuu mukavalta, you know.
- I know... I know Mr. Bond, Juanita vastasi.

Jack oli mielipuuhassaan, tai yhdessä niistä ja tutkiskeli uusia ruokaohjeita innolla. Momo oli ollut heidän luonaan yötä ja oli nyt suihkussa ja Juanita oli lähtenyt ostoksille. Jack ajatteli yllättää hänet ja aikoi valmistaa herkku aterian. Vaikka se ei nyt varsinaisesti ollut mikään niin erikoinen, mutta siinä oli "Joulupukin" poron lihaa joka käristettiin pannulla sipulin kera ja sen kanssa tarjoiltiin perunamuusia ja karpalohilloa. Momo tuli suihkusta ja kysyi Jackiltä mistä löytäisi pyyhkeen. Jack lähti näyttämään hänelle paikan. Momo oli alasti ja tuoksui hyvältä. Jack otti hyllyltä pyyheen ja rupesi kuivaamaan Momoa. Hän kuivasi hitain liikkein joka paikasta ja alkoi kiihottumaan. Momokin alkoi hivelemään Jackin housujen etumusta ja vetikin sitten tämän housut alas nilkkoihin. Momo polvistui Jackin

eteen ja otti tämän kalun suuhunsa ja rupesi imemään.
Jack oli hekumoissaan ja nosti Momon ylös ja käänsi
hänet seinää vasten. Momo työnsi takapuoltaan
taaksepäin ja Jack työntyi häneen. Kaikki oli ohi
nopeasti, Jack palasi keittiöön. Juanita palasi
ostoksiltaan ja haistoi ihanan tuoksun nenässään.
-Hei! Mikä ihana tuoksu, mitä sinä valmistat?
- Tämmöistä tunturien herkkua vaan, poroa ja
karpaloita.
- Nami!
- Hei muru! Oliko rankka reissu? Jack kysyi
nähdessään kantamukset ja hymyili.
- Oli, nämä vaan jotenkin tarttuivat käsiini, sanoi
Juanita naama peruslukemilla.
- Vai tarttuivat! Minulle ei kyllä mikään tartu käsiini
kaupoissa, sanoi Jack ja hymyili.
- No mutta tiedäthän sinä eukot, me vain olemme
tällaisia.
- Tiedän!
- Katso mitä hankin meille!
- Ai meille! Toitko minullekin jotain?
- No en oikeastaan, mutta saat sinä ihailla niitä minun
päälläni sitten. Ostin vain vähän uusia hepeneitä
sinunkin iloksesi.
- Ja minä saan ihailla niitä ylläsi ?
- Niin no, jotenkin silleen se meni.
- No, ajattelit ihan oikein senkin suttura.

- Tämä suttura menee nyt laittamaan jotain uutta ylleen.
- Ruoka on pian valmis, älä viivy kauan.
- En, tulen aivan pian!
- Hei Momo, oletkin vielä täällä!
- Katso mitä ostin tänään.

Jack kattoi pöydän ja asetti ruuan esille lämpökuvun alle. Hän oli tyytyväinen tekeleisiinsä. Tuoksu oli aivan mieletön.

- Tuletteko jo pian, ruoka on katettu.
- Aivan heti!

Jack ajatteli pienessä irstaassa päässään että sama vaikka tulisivat alasti. Mutta seksikkäät alusvaatteet tekivät naisista paljon hekumallisempia kuin jos olisivat alasti.

Juanita ja Momo keinuivat olohuoneeseen jonne Jack oli kattanut ruuan. Jackin silmät pullottivat ulos kuopistaan kun hän tapitti heitä.

- Wau! Ja vielä kerran Wau!
- Mitäs pidät sonni? Alkaako päässä tykyttää?
- Ai päässäkö?
- No niin, tai jossain muualla!
- Ennemmin jossain muualla, vau.

Juanita oli pukenut ylleen rubiininpunaisen ihoa myötäilevän mekon sekä saman väriset korkeakorkoiset kengät. Mustat verkkosukat kruunasivat kaiken. Jack huomasi heti että hänellä ei ollut mitään mekon alla, niin kuin ei yleensäkään.

Nännit sojottivat uhmakkaina hienon silkin alta. Näky oli tyrmäävän seksikäs.
- Anna kun koitan miltä silkki tuntuu kämmenen alla, Jack sanoi ja asetti kämmenensä Juanitan rinnoille.
- Eikö tunnukin hyvältä?
- Aivan ihanan tuntuista, niin sileää. Kuin kermavaahto huulilla.
- Sinä siis pidät tästä? Juanita sanoi innoissaan.
- Yes! Momollakin on seksikäs asu, olette tosi lutkamaisen ihania molemmat.
- Meidän täytyy lähteä johonkin ravintolaan että saan näytellä teitä siellä, voi että kun äijät kuolaa peräänne.
- Minä en voi nyt lähteä mukaan, minulla on asioita hoidettavana. Mutta menkää te ihmeessä.
- Mennään me, jos Jack vielä jaksaa?
- Miten niin....? Jaa jaa... Sinulla taitaa olla riettaat sessiot mielessä, senkin kiimainen narttu!
- Niin no, ajattelin vaan että ruuan jälkeen voisi olla hyvä vähän sulatella ruokaa ennen kuin mennään raflaan. Ei sen ihmeempiä, sanoi Juanita ja nosti samalla mekon helmaa niin että karvaton sileä pillu näkyi.
- Olet kyllä tuhma tyttö, tosi tuhma!
- Enkö olekin, mutta minkäs sille teet?
- En mitään, enkä haluaisikaan.
- Ei mutta nyt ateriamme jäähtyy, ruvetaan syömään.
- Juu, syödään vaan.

- Minulla onkin kamala nälkä, kaupoissa ravaaminen käy voimille nääs.
- No niin tietysti !
He nauttivat käristystä ja joivat kylmää olutta sen kera. Kynttilät lepattivat hiljaa hopeisissa jalustoissaan. Jack oli etevä luomaan tunnelmaa. Kaunis musiikki soi taustalla.
- Kiitos ihanasta ruuasta ja kaikesta muusta, Momo sanoi ja katsoi Jackiä silmiin. Mutta nyt minun täytyy mennä.
- No hei sitten, näkyillään.
- Hei hei ! sanoivat molemmat kuin yhdestä suusta.
- Momo on kiva tyttö vai mitä Jack?
- Juu, oikein mukava, Jack sanoi.
- Miten olet niin outo kun puhun Momosta?
- E-enkä ole, miten niin?
- Oliko teillä jotain sillä aikaa kun kävin ostoksilla.
- Ok, pakko tunnustaa...ei sen kummempaa kuin että panin Momoa sillä välin kun olit ostoksilla.
- Ai panit! Olet kyllä aikamoinen pukki koko mies! Etkö saa koskaan tarpeeksesi?
- En oikeastaan, kun vaan panettaa kaikki naiset...no ainakin melkein kaikki.
- Mutta muista hoidella minutkin tai muuten ei hyvä lue, Juanita pidätti nauruaan kun katseli Jackin alentuvaa olemusta.
- Olenhan aina pitänyt sinusta huolta muru.

- Olet olet! Mutta nyt laitetaan jotain mukavaa päälle ja lähdetään vähän rilluttelemaan.
- Sopii minulle!

He pukivat rennot kuteet ylleen ja lähtivät kapakkaan. Etsiskeltyään aikansa he löysivät sopivan klubin.

Ovivahti nyökkäsi ja toivotti heidät tervetulleiksi kun he astuivat hämärään klubiin. Bändi soitti taustalla hiljaa ja muutamia asiakkaita oli nojailemassa tanssilattialla. Tunnelma oli intiimi. Muutamat asiakkaat tuijottivat ahnaasti Juanitaa. Minkä huomattuaan hän keikutti vielä enemmän peräänsä.

Hän kun oli sellainen exhibionisti. Nautti siitä kun miehet ja naiset katselivat häntä. He hakeutuivat nurkkapöytään istumaan jotta voisivat tarkkailla muita helposti. Tangoilla oli alastomat tytöt seksikkäästi liikkuen musiikin tahdissa. Muutamia asiakkaita oli kuolaamassa lavan reunalla silmät tapillaan himosta.
- Mitä pidät noista typyköistä tuolla tangoilla Jack?
- Joo, katselinkin juuri. Tuo tummaihoinen on aika pakkaus, nami nam.
- Arvasinkin että pidät hänestä, sanoi Juanita hymyssä suin.
- Juu tuota, olen aina pitänyt suklaasta eli aivan luonnollinen valinta ... niinku silleen.
- Kyllä sinulle kelpaa vaniljakin hyvin, sanoi Juanita.
- Niin no, itseasiassa olen melkoisen kaikkiruokainen...hmm, sanoisinko tämän asian tiimoilta. - Pakkauksen koollakaan ei ole niin väliä, lisäsi Jack vielä.

- Olet kyllä pahasti addiktoitunut naisten tisseihin ja periin.
- Niin no, tuo oli kyllä melko tyhjentävästi sanottu. Mutta minkäs teet luonnillesi, niinkuin minulla on tapanani sanoa... aina silloin tällöin.
- Mutta hei, eikö täällä tarjoilla mitään?
- Minä käyn tuolla tiskillä, Jack sanoi ja nousi.
- Haloo...onko täällä ketään!

- Sorry, olen täällä yksin ja vaihdoin juuri oluttynnyrin uuteen. Mitä laitetaan?
- Tuota noin, kaksi tuoppia olutt... eikun kaksi kuuba libreä.
- Kaksi kuuba libreä... entä muuta ? jotain naposteltavaa kenties ?
- Suolapähkinöitä kupillinen sitten kun niin kovin kerran yrität, Jack sanoi ja hymyili valloittavasti.
- Ok, tuon ne pöytään heti! tarjoilija sanoi ja iski silmää.

Jack palasi pöytään jossa Juanita istui seksikkäänä tietäen miesten himokkaat katseet vartalollaan.
- Tilasin meille Kuubalibret ja pähkinöitä!
- Nam! Kylmä juoma tekee nannaa.
- Näin on... mennäänkö vähän nojailemaan?
- Mennään vaan.
- En ole tosiaankaan mikään tanssitaituri mutta nämä nojailu biisit kyllä menee, sanoi Jack.
- En ole itsekään mikä himotanssija.
- Hyvä, minua potuttaisi jos haluaisit tanssia jotain tangoa tai valssia. Olen aivan surkea niissä ja monissa muissakin tanssi lajeissa eli melkein kaikissa.

- Nuorempana minä tanssin kaikenlaisia tansseja mutta en enää innostu niistä, nyt minulle riittää nojailu myös, Juanita sanoi.
- Mutta jos haluat tanssia jotain oikeata tanssia niin hae joku mies tai nainen tanssimaan. Minä katselen kyllä mielelläni.
- Itseasiassa voinkin hakea jonkun miehen tanssimaan.
- Hae tuota tummaa miestä, varmaan jostain päin Afrikkaa kotoisin.
- Ahaa mmm, niin teenkin. Haen häntä tanssimaan, sanoi Juanita ja iski silmää Jackille.
- Varmaan lähtee mielellään kanssasi tanssimaan.

Juanita käveli seksikkäästi takapuoli keinuen miehen luo ja pyysi tätä tanssimaan. Mies lähtikin innoissaan Juanitan kaltaisen mimmin kanssa lattialle. Mies oli hieman humalassa ja tarttui Juanitaa ronskisti takapuolesta ja puristeli sitä. Juanitaa se ei haitannut ja salli miehen kouria itseään. Mies painautui tiiviisti Juanitaa vasten ja Juanita tunsi miehen kovan kalun etumustaan vasten. Juanita alkoi liikehtiä miestä vasten hitain edestakaisin liikkein. Mies alkoi hieromaan Juanitan takapuolta ja sujautti kätensä tämän hameen alle. Juanita hätkähti hiukan kun tunsi miehen sormet haaravälissään, mutta ei estellyt tätä mitenkään. Mies inostui tästä lisää ja hänen kasvoilleen tuli himokas ilme. Hän tunsi sormillaan Juanitan paljaan ja liukkaan pillun. Mies hieroi märkää vakoa syvältä ja Juanita

rupesi hengittämään raskaasti. Hän suuteli miehen paksuja tummia huulia ja puristi varovasti tämän housujen etumusta jossa miehen paksu kalu oli jo kovana. Jack katseli Juanitaa ja miestä kun he puristelivat toisiaan intiimeistä paikoista. Hän huomasi miten miehen käsi liikkui Juanitan hameen alla rytmikkäästi. Jack alkoi itsekin kiihottua näkemästään. Juanita työnsi häpykumpuaan miehen sormia vasten rytmikkäästi ja hän sai pian orgasmin. Jack huomasi miten Juanita nytkähteli ja arvasi tämän saavuttaneen kliimaksin. Senjälkeen he puhuivat hetken ja Juanita palasi pöytään.
- No mitä tuo oli oikein, näytti kuin hän olisi sormeillut sinua himokkaasti, Jack kyseli kun Juanita palasi pöytään istumaan.
- Tässä olisi juomanne ja pähkinät, sir.
- Kiitos! No niin, jatka.
- Hemmetti sentään, mies alkoi heti puristelemaan ja tunki sormensa hameeni alle. No, ajattelin että kouri nyt sitten kun kerran niin kovasti tekee mieli.
- Huomasin kyllä että käsi oli hameesi alla, mitä sitten...kerro kerro!
- No, aloin kiihottumaan tietysi siitä kun paksut sormet tunkivat sisääni ja olin kyllä ihan märkä jo ennen sitäkin. Sain nopeasti orgasmin kun tilannekin oli niin outo, kuvittele nyt... ravintolan tanssilattialla. Kokeilin miehen etumusta ja sillä seisoi kivikovana koko ajan kun hän kouri minua. Ja usko Jack että

äijällä oli iso. Meinaan niinkuin ISO! Oli kuin patonkia olisi puristellut.
- Älä, oliko niin julmettu peli, Jack hämmästeli.
- No oli, kyllä piirakka rupesi muutenkin heti kostumaan kun hän alkoi sormipelin.
- Olisitko antanut sen naida itseäsi?
- Juanita katsoi Jackiä silmiin ja sanoi hymyillen, kyllä tuollaista kalua olisi ollut mukava ottaa sisään.
- Olet sinä tosi lutka muru.
- Joo, olen vähän tällainen hutsu. Hän naureskeli.
- Minä pidänkin sinusta juuri tuollaisena, estottomana narttuna.
- Puhut aina niin rehellisesti ja kursailematta Jack, siitä minä pidän. Ja siitä kun et ole mustasukkainen vaan annat minun touhuilla vähän omiani.
- No juu mutta haluan tietysti myös itse vähän vapauksia, niinkuin olet antanutkin minulle.
- Ei se minua haittaa jos paneksit muita mutta olisin mielelläni itse mukana myös silloin tällöin. Minusta on mukava katsella kun nait jotain toista naista, sanoi Juanita.
- Parempaa mimmiä en voisi löytää mistään kuin sinä, Jack hehkutti.
- Enkä minä parempaa miestä.... tai oli tuo tumma mies kyllä hemmetin... kiinnostava kyllä, hymyili Juanita ja rapsutti sormella leukaansa.
- Ai, no sun tarttee varmaan mennä sen kanssa sitten.
- Höh, kunhan pelleilin. Kyllä sinä sen tiesit.

- Niin tiesinkin, et sinä minusta hevin luopuisi.
Olenhan niin pirun hyvä jätkä.
- Niin olet, oikea monitaituri. Ja aluksen päällikkökin vielä.
- Niin jonkunhan täytyy pitää huolta aluksen väestöstä jotteivat he joudu eksyksiin.
- Näin on, miten me muuten pärjäisimme tässä kylmässä ja suunnattomassa maailmankaikkeudessa, ellei suuri päällikkömme kaitsisi meitä onnettomia poloisia.
- Hyvä hyvä, noinhan se suunnilleen menee, Jack sanoi ja iski samalla silmää.
- Kuule Jack, lähdetään jo pois täältä.
- Lähdetään vaan, ei huvita enää olla täällä.

He nousivat pöydästä ja poistuivat klubista. Kohta he olivatkin jo kotonaan.

- Huh, väsyttää ihan kamalasti, nyt tekisi mieli mennä saunaan ja sitten vaan löhömään, Jack sanoi ja haroi hiuksiaan.
- Totta, olen samaa mieltä.
- Mitä kello on Suzy?
- *Kello on 0414 aamulla.*
- Kiitos.
- Kylläpä aika kului nopeasti siellä klubilla, ihmetteli Juanita.
- Niin meni joo.

- Mennään aamuyö saunaan, ehdotti Jack.
- Jep, se tekeekin nyt hyvää.
- Menen jo edeltä saunaan.
- Tulen ihan perässä.
- Saisko tänne vähän enemmän lämpöä, kysyi Juanita.
- Ai niin... Suzy! 70 astetta.
- *On kytketty. Laitanko jotain hyvää tuoksua? Kenties vaikka tervan tuoksua.*
- Ok, laita vaan muttei liikaa.

Saunan täytti mukavan lempeä tervan tuoksu siinä samassa. He hikoilivat puolisen tuntia ja poistuivat sitten suihkuun. He pesivät toistensa selät ja ottivat kylmän suihkun päälle. he olivat raukeita ja väsyneitä. he kuivasivat itsensä ja siirtyivät makuuhuoneeseen. Jack heittäytyi vuoteelle ja Juanita teki samoin. Ei aikaakaan kun molemman olivat sikeässä unessa.

Hopestarilla oli paljon mahdollisuuksia harrastaa vaikka mitä. Vaikka ajelua moottoripyörällä, se onnistuisi hienoilla simulaattoreilla joita aluksessa oli moneen tarkoitukseen sopivia. Eikä loukkaantumisen vaaraa tietenkään ollut, jopa vesihiihtokin onnistui ihan oikeasti pienellä järvellä joka oli aluksessa. Kaikilla asukkailla oli myös pääsy tietokone Suzyn avustuksella Maasta kerättyjen tiedostojen katseluun ja tutkimiseen. Kaiken kattava tiedosto olikin kovassa käytössä kaiken aikaa kun ihmiset halusivat kokea Maan asioita vastineeksi avaruuden pimeälle ja kylmälle todellisuudelle. Olihan avaruudessakin todella kauniita näkymiä, erilaisia galakseja ja tähtisumuja. Ja joskus näki supernovankin silloin tällöin ja ohi kiitäviä planeettoja, silloin kun ei matkattu yli valon nopeudella. Kaiken kaikkiaan ihan miellyttävä paikka asua ja elää. Ei tarvinnut pelätä luonnon mullistuksia, tornadoja,tsunameita tai maanjäristyksiä. Eikä ilmaston muutoskaan ollut murheena aluksessa. Tautejakaan ei esiintynyt kun alus oli senpuoleen steriili ympäristö. Mitä nyt normaaleja ongelmia mitä ihmisillä yleensäkin oli. Eli voisi ihan hyvillä mielin todeta aluksessa elämän melkein paratiisimaiseksi. Ja aluksessa olikin nudisti klubi nimeltään "Paratiisi". Joka olikin erittäin suosittu, arvatenkin.

Onnettomuus

Jack havahtui unestaan kun aluksesta kuului outoa ääntä. Hope! Mitä tuo oli?
- *Yksi ajoyksiköistä kärähti pahasti, tule komentosillalle.*
- Ok, lähden heti.
Jack puki aamutakin ylleen ja lähti sillalle. Juanita nukkui autuaan tietämättömänä tapahtuneesta, Jack ei heättänyt häntä vaan antoi tämän nukkua rauhassa, eikä Juanitasta olisi ollut mitään apua tässä asiassa kuitenkaan.

- No niin Hope, mikä on tilanne?
- *Tilanne on huono, emme pysty matkaamaan enää valon nopeudellakaan. Melkein, mutta hieman alle eli tarkalleen 93 prosenttia siitä.*
- Voi helvetin helvetti, kiroili Jack pidellen päätään. Voiko sitä korjata mitenkään?
- *Aluksessa pitäisi olla siihen varaosia mutta se selviää tarkastamalla ensin kaikki vioittuneet osat. Aloitan vian määrityksen heti paikalla.*
- Ok, tee niin. Ja alenna nopeus kymmenesosaan valon nopeudesta jottei muitakin osia kärähdä.
- *Nopeus alennettu.*
- Ok, lähden asunnolle, ilmoita kun saat tuloksia.
- *Ilmoitan.*

Jack palasi asunnolle jossa Juanita nukkui edelleen. Jack oli kerinnyt nukkua vasta neljä tuntia ja häntä väsytti hitosti. Hän ryömi Juanitan viereen ja nukahti siinä samassa. Jack oli nukkunut viisi tuntia kun hän heräsi ja nousi ylös. Hän kompuroi puoliksi unissaan keittiöön jossa Juanita oli syömässä aamupalaa.
- Huomenta, näytät ihan kaamealta. Onko hyvä kankkunen? kysyi Juanita hymyillen.
- Huomenia vaan, ai hyvä kankkunen? On hyvä ja nousin jo aiemmin ylös kun aluksessa tapahtui paha vaurio. Kävin komentosillalla juttelemassa Hopen kanssa asiasta. Hope tutkii asiaa ja ilmoittaa sitten minulle.
- No voi sun, minkälainen vaurio oli kyseessä?, uteli Juanita.
- Pystymme ajamaan enää alle valon nopeudella, sieltä kärähti ilmeisesti jotain. Hope selvittää asiaa. Voi juma kun päätä jomottaa. Annatko tuoremehua ja särkylääke ruiskun.
- Tulee tuota pikaa, otin juuri itsekin vitamiini ruiskeen ja särkyläkkeen.
- Paraniko olo yhtään?
- Itseasiassa voin jo yllättävän hyvin. No niin, annas kun mamma laittaa. Mihin kohtaan haluat sen?
- Laita tohon perseposkeen, siinä on hyvä iso lihas.
- Siis peppuun, nauroi Juanita.
- Joo, ei naurata kyllä yhtään hei.

- No no, en minä sinun kitusiisi viinaa kaatanut. Kyllä se oli itse Herra ja Hidalko.
- Joo, niin oli. Varsinainen hidalko juu.
- Olisi tossa kylmää oluttakin jos haluat loiventaa?
- No perhana, annappas vähän sitä, se auttaa kyllä tähän.
- Se lähtee sillä millä on tullutkin vai, nauroi Juanita.
- Just niin, näinhän se on aina mennyt. Pitää vain olla tarkkana ettei mene viihteen puolelle uudestaan, Jack hymyili surkean näköisenä ja otti kulauksen kylmää olutta.
- Joo, kyllä se saa nyt riittää vähäksi aikaa kun on vielä aluksessakin vikaa.
- Äläs muuta virka, sanoi Jack.
- Mene vielä maate, olet tosi kurjan näköinen.
- Taidan tosiaan mennäkin, mitä tässä kuikuilemaan enempi.
- Laitan itselleni voileivän ja kahvia. Mene vain sinä nukkumaan siitä.
- Ok, öitä.
- Öitä vaan.

Juanita keitti kahvia ja teki pari voileipää kankkuseensa. Hänkään ei ollut parhaimmassa kunnossa vaikkei juonutkaan samaa tahtia kuin Jack.

Hän joi ensin suuren lasillisen tuoremehua ja duunasi sitten pari muna-anjovis leipää kahvin kanssa. Syötyään hän kävi suihkussa puki ylleen ja lähti kaupungille.

- Hei Juanita!

Juanita kääntyi koroillaan ja näki Momon iloisesti hymyilevän.
- Hei Momo!
- No moi!
- Minne olet matkalla?
- En oikeastaan minnekään, herättiin vasta ja kummallakin kaamea olo. Jack joi yhden oluen ja meni uudestaan sänkyyn.
- Joo niinpä, sitä se "Kuningas Alkoholi" tekee. Nimittäin kamalan olon orjalleen.
- No näin on. Tulikin mieleeni että mennäänkö johonkin baariin ottamaan parit oluet?
- No tuota...sopiihan se, sanoi Momo.
- Mun on ainakin pakko saada nyt paukku tai pari.
- Sullakin on krapula, näytät aika kurjalta.
- Joo, on vähän hutera olo.
- Mennään tohon rauhalliseen pubiin, niin sun ei tarvitse kärsiä melusta, ehdotti Momo.
- Joo, mennään vaan.

Naiset kävelivät sisään avoimesta ovesta hiljaiseen pubiin jossa oli vain muutama janoinen asiakas. He päättivät mennä istumaan pehmustetuille nahkaisille baarijakkaroille. Jakkarat olivat melko korkeita ja naisilla oli molemmilla lyhyet minihameet. Pöydistä oli hyvä tiirailla heidän sääriään.

- Mitä laitetaan neideille?, nuori baarimikko kysyi.
- Otan vodkan tuoremehulla, sanoi Juanita.
- Mulle samanmoinen, lisäsi Momo.
Nainen kääntyi ottamaan hyllystä vodkapulloa ja tuoremehua. Sitten hän asetti korkeat lasit naisten eteen ja kaatoi ne täyteen.
- Olkaa hyvät! Baarimikko sanoi ja hymyili liioitellun makeasti.
- Kiitos vaan, sanoi Juanita ja nosti lasin huulilleen.
- Sulla onkin kova jano, sanoi Momo ja otti itsekin huikan lasistaan.
- No juu, puhuttiin juuri Jackin kanssa että sillä se lähtee millä on tullutkin. Ja Jack sanoi vielä ettei saa ottaa liikaa, menee muuten uudestaan viihteen puolelle. Saada nähdä miten tässä käy, tokaisi Juanita ja hymyili Momolle. Momo katsoi häntä ja hymyili takaisin.

- Tiedätkö muuten mitä tapahtui jonkin aikaa sitten kun kuului outoa melua?

- Juu, Jack kuuli myös jotain ja kävi kyselemässä Hope:lta. Jotain oli kuulemma hajonnut ja nyt ajellaan hitaasti sen vuoksi.
- Jaa, toivottavasti ei mitään vakavaa, sanoi Momo huolestuneen oloisena.
- Eipä kait, kyllä se mitä se nyt onkaan saadaan varmasti korjattua.
- Niin varmaan.
- Ollaankin selvitty ilman suurempia vaurioita ihmeen kauan, Juanita sanoi kurtistaen kulmiaan.
- Täällä avaruudessa onkin totaalisen yksin jos jotain tapahtuu.
- No älä, jos juomaveden valmistukseen tulisi korjaamaton vika tai ruuan tuotantoon. Se olisi kamalaa! Emme selviäisi hengissä kovin montaa päivää edes ilman vettä.
- Emme niin.
- Olisi kamalaa kuolla janoon, Juanita sanoi.
- Ennemmin hyppäisin avaruuteen, kuolisi ainakin nopeasti, Momo jatkoi.
- Juu, jäätyisi vain niks naks, nauroi Juanita.
- Joo, niks naks vaan.

Molemmat hekottivat hervottomina vaikka asiahan oli tietysti vakava eikä mitenkään miellyttävä. Mutta huumorilla on aina hyvä tasoittaa pelkoa ja tietämättömyyttä.

- Otetaanko vielä toiset? Juanita kysyi.
- Joo, otetaan vain.
- Kohta ollaan kännissä, sanoi Juanita ja kikatti
- Mitä väliä, Momo sanoi ja vinkkasi tarjoilijalle.
- Ei niin mitään, jatkoi Juanita.

Tarjoilija keinui naisten pöytään.
- Mitä neideille saisi olla?
- Neidit ottaa kaksi vodkaa tuoremehulla, Juanita sanoi ja hymyili tarjoilijalle.
Tarjoilija kääntyi ja käveli leveä takapuoli keinuen tiskille. Momo ja Juanita katselivat tiiviisti naista ja Momo sanoi Juanitalle," melkoisen muhkea takapuoli likalla".
- Joo, on kuin pullataikina.
- Hih ... pullataikina, naurahti Momo.
- No katso nyt, perse pursuaa kohta ulos housuista.
- Etkö pitäisi tuollaisesta?
- No...mikä ettei, nauroi Juanita.
- Mutta otetaas huikat, Momo sanoi ja kilautti Juanitan lasia.
- Kippis vaan!

Juanitalla ja Momolla kului aika rattoisasti juoruillen kaiken maailman asioista. Hopestar "mateli" eteenpäin vioittuneen ajoyksikön vuoksi, mutta toisaalta eihän heillä ollut minnekään kiirekään. Jack nukkui autuaana krapulaansa pois, mutta sitten...
- *Jack! Kuuleeko komentaja!*
Jack kuuli unensa läpi Hopen kutsuvan häntä ja hätkähti hereille.
- Mitä? Kuka?
- *Et kyllä usko tätä!!*
- Ai Hope! Mitä nyt ?

- *Nyt on puolustusjärjestelmä halvaantunut!! Emme voi torjua mitään eteen osuvaa kappaletta, suojakilpikään ei toimi!*
Jack kuunteli pää vielä sekaisin ja puoli unessa Hopen ilmoitusta.
- Mikä riivattu alusta nyt riivaa, kaikenlaisia vikoja ilmaantuu?
- *Tekniikka ei todellakaan ole vahingoittumatonta, niin se vaan menee*, Hope sanoi huolettomasti.
- No juu, näinhän se on. Ensin meni nopeus ja nyt suojaus. Perkele!
- *Se teidän pirunne ei kyllä auta tässä asiassa lainkaan. Alan selvittämään voiko mitään saada enää kuntoon. Ilmoitan huoltomiehille tapauksesta heti.*
- Ok, tee niin. Opasta heitä tarpeen mukaan, olet kuitenkin viisaampi kuin kaikki teknikot yhteensäkään.
- *Ok, asia selvä, ja kiitos luottamuksesta.*
- Ei se ole luottamusta niinkään, olet vaan niin hiton etevä!
- *Kiitos kuitenkin.*

Jack päätti nousta ylös ja laitaa syötävää itselleen. Hän päätti tehdä ison munakkaan ja laittaa siihen vielä kinkkua lisukkeeksi. Hän rikkoi viisi kananmunaa

kulhoon ja kippasi sekaan kinkkusuikaleita ja viisi
ruokalusikallista vettä ja juustoraastetta. Sitten hän
sekoitti kaiken hyvin ja kaatoi kuumaan pannuun. Vielä
hieman suolaa ja paprikajauhetta. Jack katseli vesi
kielellä munakkaan paistumista. Nälkä kurni mahassa
pahemman kerran, ilmoittaen näin halustaan saada
välillä ruokaakin. Pelkällä oluella ei pitkään kunnossa
pysy. Jack kävi munakkaan kimppuun innolla ja lapioi
kaiken alas kylmän maidon kera. Raukeus iski syönnin
päälle ja Jack meni uudelleen nukkumaan. Täysi vatsa
ja mukavan viileä sänky veivät hänet pian unten maille
uudelleen. Jack uneksi lapsuutensa Maasta, miten
kaikki oli hyvin. Unessaan hän leikki naapurin Peten
kanssa läheisessä metsikössä ja muisti kuinka hän
pinkaisi aina lujaa kotiin kun äiti kalkatti ruokakelloa.
Äiti oli hyvä kokki ja laittoi aina maukasta ruokaa. Isä
oli harvoin kotona ruoka-aikoina, hän oli töissä ISC:n
teknillisellä osastolla. Hän oli molekyyli insinööri.

- Hei, oletko kotona Jack!
Juanita kurkisti makuuhuoneeseen ja näki kuinka Jack
nukkui kuin lapsi. Hän laittoi oven kiinni hiljaa ja meni
keittiöön. Keittiössä tuoksui Jackin valmistama
munakas ja tyhjä lautanen ja juomalasi olivat pöydällä.
Juanitallekin tuli nälkä ja hän päätti myös tehdä

munakkaan itselleen. Syötyään hän meni Jackin viereen ja nukahti melkein heti.

Komeetta

Hopestarilla oli uskomattoman huono onni kaiken tärkeän tekniikan petettyä. Hopestarin reitillä oli toinenkin avaruuden matkaaja. Komeetta, 500 metriä halkaisijaltaan oleva jäinen kappale lähestyi Hopestaria valtavalla nopeudella. Lentoradat leikkaisivat toisiaan eikä Hope saanut tietoa siitä, eikä torjunta olisi onnistunut muutenkaan viallisten laitteiden vuoksi. Oliko tämä Hopestarin loppu? Menehtyisivätkö he kaikki komeetan törmäyksessä? Suurin osa aluksen väestä oli nukkumassa kun komeetta iskeytyi aluksen peräosaan. kaksi kilometriä pitkä osa jossa sijaitsivat myös aluksen moottorit, lento kannet ym. tärkeää laitteistoa hävisi hetkessä avaruuteen. Huoneistoja oli myös paljon jotka nekin sinkoituivat pirstaleina avaruuteen ihmiset mukanaan. Tuho oli totaalinen, Hopestar olisi mennyttä.

Jack ja Juanita heräsivät huumaavaan meteliin tavaroiden lennellessä ympäri huonetta. Heidän asuntonsa oli aluksen edessä ylhäällä joten suora tuho ei vaikuttanut heihin. Aluksen osa jossa he olivat sinkoitui holtittomasti mustassa avaruudessa. Kaikki Hopestarin jäänteet sinkoilivat eri suuntiin valtavalla nopeudella. Etuosa jossa Jack ja Juanitakin olivat oli suhteellisen suuri kappale, melkein kaksi kilometriä pitkä. Sen nopeus oli pienempi kuin pienempien osien liike, mutta aluksen happijärjestelmät olivat tuhoutuneet eikä ehjissäkään osissa voinut pysyä hengissä pitkän aikaa. Jack otti Juanitaa kädestä ja juoksi ovelle, hän rukoili mielessään että hissi toimisi vielä eikä turvahuone olisi tuhoutunut. He astuivat hissiin joka yllättäen vielä oli toimintakunnossa. Hissi laskeutui salaiseen kerrokseen ja he pääsivät toistaiseksi turvaan salaiseen turvahuoneeseen.

- Ehdimme juuri ajoissa!, Jack sanoi ääni järkytyksestä väristen.
- Kauheaa! Jack! Alus on tuhoutunut ja kohta myös kaikki matkustajatkin.
- Tämä on loppumme, sanoi Jack hiljaa.
- Jack...mitä me teemme?
- Olemme luultavasti ainoat eloonjääneet, ainakin kunnes kaikki happi on kadonnut aluksen ehjistä osista.
- Hirveää! Juanita itki Jackin olkapäätä vasten rutistaen tätä.
- Mitä taas meihin kahteen tulee, saimme vähän jatkoaikaa. Täällä on happea kahdelle noin neljäksi tunniksi, sitten kaikki on lopussa.
- Näinkö kaikki loppuu, voi Jack!
- Ainakin saamme olla yhdessä viimeiset hetket, sanoi Jack kyyneleet silmissään.
- Meillä on onni kuolla yhdessä, sanoi Juanita myös itkien.
- Onkohan Suzy vielä toiminnassa? Jack avasi tietokoneen ja toivoi sen toimivan vielä.
- Suzy! Kuuleeko Suzy?

- *Suzy kuulee Komentaja More.*
- Olet vielä kunnossa?
- *Minulla on varavoimaa vielä jonkun aikaa mutta Hope on tuhoutunut törmäyksessä. Kaikki aluksen ihmiset ovat kuolleet tai sinkoutuneet avaruuteen. Vain te olette hengissä, miten?*
- Ehdimme aluksen salaiseen turvahuoneeseen, mutta happi riittää täällä vain neljäksi tunniksi.
- *Kaikki hapentuottolaitteet ja kaikki muukin on tuhoutunut joten ... Olen todella pahoillani että alukselle kävi näin. Että meille kaikille kävi näin huonosti.*
- Se siitä sitten, sanoi Jack surullisena.
- Tiesimme kuitenkin vaaroista joita kohtaisimme, emme olisi muutenkaan voineet vaellella avaruudessa loputtomiin, Juanita sanoi.
- Olet oikeassa, ei kukaan elä ikuisesti.
- Saamme ainakin kuolla yhdessä, sanoi Juanita.
- On meillä ollut hauskaakin, sanoi Jack.
- Niin, olemme nyt olleet 15 vuotta yhdessä. Enkä kadu päivääkään, sanoi Juanita hymyillen.
- No en kyllä kadu minäkään, meillä on mennyt tosi hyvin yhdessä.
- Niin...kolli ja misu.
- Hmm, niinpä.
- Kuule muru?
- Niin?
- On yksi juttu jota en ole kertonut.

- Ai, mikä juttu?
- Meillä on toinenkin vaihtoehto.
- Vaihtoehto? Mikä vaihtoehto? Kysyi Juanita hämmentyneenä.
- Hapenpuutteeseen tukehtuminen ei ole todella mukavaa. Se on kauhea tapa kuolla. Tässä huoneessa on kapseli kahdelle henkilölle, siinä on nestemäistä typpeä sisältävä säiliö jonka voi laukaista sisältä käsin.
- Mitä tarkoitat? Että me...
- Niin juuri. En halua tukehtua tähän huoneeseen. Se olisi nopea ja kivuton tapa päättää päivänsä. Mitä sanot?
- Sanon kyllä, tehdään niin Jack.

Jack painoi seinässä olevaa paneelia. Seinästä alkoi työntymään hopean värinen kapseli ulos. Kapseli aukesi automaattisesti ja paljasti kahdelle hengelle tarkoitetun pehmustetun makuupaikan.

- Oh my, sanoi Juanita ihmeissään.
- Sanos muuta, tuossa olisi meidän viimeinen lepopaikkamme.
- Kyllä tuo minulle kelpaa, sanoi Juanita.
- Minulle myös, Jack myötäili. Tämä on nimeltään Kryotankki. Meidät jäädytetään vaiheittain – 196 asteeseen nestemäisellä typellä. En tiedä kaikkia

vaiheita tarkkaan mutta lopputulos olisi että olisimme syväjäädytettyjä.
- Eli meidät voitaisiin herättää ehkä henkiin joskus paljon paljon myöhemmin, siis jos joku löytää meidät ja heillä on tekniikkaa tehdä se? Spekuloi Juanita vähän innoissaan.
- Juuri näin, eikä meidän tarvitsisi tukehtua kuoliaaksi. Asetumme vain mukavasti pehmusteille ja kiinnitämme nuo laitteet letkuineen käsivarteemme. Sitten vain tuubi ulos avaruuteen ja me nukahdamme mukavasti pitkään, ehkä ikuiseen uneen.
- Tehdään se heti, ilma alkaa käydä melkoisen huonoksi täällä, sanoi Juanita.
- Asetutaan kapseliin ja kytketään letkut.

He asettuivat vierekkäin kapselin pehmustetulle patjalle ja asettivat tarvittavat laitteet itseensä. Heidän tarvitsi vain laittaa käsivarren ympärille panta jossa oli tarvittavat välineet jäädytyksen aloittamista varten. Kuten veren poistaminen ruumiista ym. toimenpiteitä. Sitten kapseliin virtaisi nukutusainetta ja he nukahtaisivat ennen varsinaisen jäädytyksen alkua. Kaikki kävisi kivuttomasti, he vain nukahtaisivat.

- Nyt laukaisen meidät ulos avaruuteen, Jack sanoi ja painoi erään kahvan alas.
- Nyt sitten menään, sanoi Juanita ja halasi Jackiä.

Jack painoi laukaisinta ja kapseli sinkoitui aluksen
ruhjotusta rungosta ulos avaruuteen ja loittoni nopeasti
Hopestarin jäännöksistä.

- Ooh, en huomannutkaan että tässä on ikkuna josta
näemme tähtiä, Juanita sanoi ihastuksissaan.
- Kaunis viimeinen näkymä, Jack sanoi.
- Ilma ei riitä enää kauaa.
- Rakastan sinua Jack, sanoi Juanita kyyneleet valuen
poskia pitkin.
- Rakastan myös sinua tuhma pimuni.
- Ja tuhma kollini.

He kietoituivat toisiinsa ja nukahtivat pian sylikkäin.
Kapseli jatkoi kulkuaan rakastavaisten jo ollessa
syvässä unessa.

Syväjäädytys

Pariskunnan nukkuessa automaattinen laitteisto aloitti syväjäädytyksen. Tunnin kuluttua he olivat jäätyneet ja sydämmet olivat lakanneet lyömästä. He lepäsivät käsi kädessä pehmeällä mukavalla alustalla vaikka eivät tunteneetkaan sitä. Kapseli oli jo kaukana Hopestarin tuhoalueelta ja jatkoi matkaansa kylmässä avaruudessa. Jack näki unta elämästään aluksessa Juanitan kanssa, niistä onnellisista hetkistä joita heillä onneksi oli paljon. Hän muisteli heidän ensimmäistä keila otteluaan, jonka Juanita täpärästi voitti. Sekä rusettiluistelua musiikin säestämänä.
Juanitakin näki heistä unta, kaikesta mukavasta mitä he yhdessä olivat tehneet.

Elämä loppuu aikanaan-

kukaan ei voi välttyä.

Ja miksi pitäisikään...

se on elämän tarkoitus.

Elää...ja...kuolla.

LOPPU.

www.ingramcontent.com/pod-product-compliance
Lightning Source LLC
Chambersburg PA
CBHW031619210526
45464CB00004B/1648